JA役員
コンプライアンス
必携

瀬戸祐典 著

はじめに

　いま、ＪＡの外部環境は大きく変わりつつあります。地方の農業を担う人口の減少・高齢化、ＡＩ（人工知能）に代表されるデジタルイノベーション（技術刷新）による他業種からの参入に加え、ＴＰＰ（環太平洋パートナーシップ協定）やアメリカとの貿易交渉、さらにはマイナス金利の長期化による金融事業における収支の悪化、そしてＪＡ監査制度の改革、全国農業協同組合中央会の一般社団法人化といったように、日々変化しています。

　また、ＪＡの内部環境に目を向ければ、正組合員の長期的な減少・高齢化、准組合員制度に対する政府の問題意識、耕作放棄地を含めた農地の減少、また、ＪＡの合併による組織統合など、令和の時代における変化は避けられない状況です。

　しかしながら、上記のような外部環境、内部環境の変化があったとしても、ＪＡとしての運営の基本が「コンプライアンス（法令等遵守）」の徹底であることに変わりありません。

　ご存じのとおり、ＪＡには「ＪＡ綱領」があり、その1つには「自主・自立と民主的運営の基本に立ち、ＪＡを健全に経営し信頼を高めよう」とあります。

　今やコンプライアンスは、組織の存続に必須の要素です。

　本書は、ＪＡ役員の方々や、ＪＡの経営幹部の方々に、ＪＡにおけるコンプライアンスについてできる限りわかりやすく解説をしたものです。

　この本が、ＪＡの運営に携わる皆様に広く活用され、ＪＡ綱領の実現の一助になれば著者としては望外の喜びです。

　遅筆の当職を叱咤激励し、本書の企画、編集、校正および出版に

ご尽力を頂戴した株式会社経済法令研究会出版事業部の松倉由香様、長谷川理紗様、本当にありがとうございました。

令和元年9月

弁護士　瀬戸 祐典

〈JA綱領〉

―わたしたちJAのめざすもの―

　わたしたちJAの組合員・役職員は、協同組合運動の基本的な定義・価値・原則（自主、自立、参加、民主的運営、公正、連帯等）に基づき行動します。そして、地球的視野に立って環境変化を見通し、組織・事業・経営の革新をはかります。さらに、地域・全国・世界の協同組合の仲間と連携し、より民主的で公正な社会の実現に努めます。

　このため、わたしたちは次のことを通じ、農業と地域社会に根ざした組織としての社会的役割を誠実に果たします。

わたしたちは
一、地域の農業を振興し、わが国の食と緑と水を守ろう。
一、環境・文化・福祉への貢献を通じて、安心して暮らせる豊かな地域社会を築こう。
一、JAへの積極的な参加と連帯によって、協同の成果を実現しよう。
一、自主・自立と民主的運営の基本に立ち、JAを健全に経営し信頼を高めよう。
一、協同の理念を学び実践を通じて、共に生きがいを追求しよう。

（JA全中制定）

CONTENTS

第1章 JAの役員の責任

- **Q1** JAの役員とは何ですか? ……………………………………… 02
- **Q2** JAの役員はどのような法的責任を
  負っているのでしょうか? ……………………………………… 06
- **Q3** JAの役員が負う刑事上の責任とは何ですか? ……………… 09
- **Q4** JAの役員が負う民事上の責任とは何ですか? ……………… 12
- **Q5** JAの役員が負う行政上の責任とは何ですか? ……………… 16
- **Q6** JAの役員は、法的責任以外にも
  責任を負うことがありますか? ………………………………… 20
- **Q7** 善管注意義務・忠実義務とはどのような義務ですか? … 24
- **Q8** 役員がJAに対して損害賠償責任を負うことになる
  故意・過失とは何ですか? ……………………………………… 27
- **Q9** JAが新規事業に失敗した場合、JAの役員は
  過失ありとして損害賠償責任を負いますか? ……………… 30
- **Q10** 役員が、第三者に対して損害賠償責任を
  負うことはありますか? ………………………………………… 33
- **Q11** 役員のJAに対する損害賠償責任は
  どのように追及されるのですか? ……………………………… 36
- **Q12** 代表理事と一般理事で損害賠償責任の
  違いはありますか? ……………………………………………… 39
- **Q13** 常勤役員と非常勤役員で損害賠償責任の
  違いはありますか? ……………………………………………… 44

- Q14 JAの役員は、JAに対して連帯責任を負いますか？ …… 46
- Q15 JAの役員は、JAの職員の行為についてまで責任を問われることがありますか？ …… 49
- Q16 JAの役員は、JAと競業する団体の活動に関与してはいけないのですか？ …… 52
- Q17 JAと役員の間の利益相反取引とは何ですか？ …… 55
- Q18 JAの役員がその地位を失うのはどのような場合ですか？ …… 60
- Q19 経営管理委員会設置の有無で、理事や監事の権限と責任に違いはありますか？ …… 63
- Q20 組合員代表訴訟に対する対策はありますか？ …… 66
- Q21 JAの監事が、JAに対して任務懈怠による損害賠償責任を負った事例はありますか？ …… 70

第2章 JA役員としてのコンプライアンス

- Q22 コンプライアンスとは何ですか？ …… 78
- Q23 JAの経営にとってコンプライアンスはなぜ重要なのですか？ …… 81
- Q24 JAの役員が違法行為をした場合にはどうなるのでしょうか？ …… 84

CONTENTS

- **Q25** 他の役員が違法行為をしていることを発見した場合にはどうしたらよいでしょうか? ……… 88
- **Q26** 他の役員の背任行為を阻止するためにはどうしたらよいでしょうか? ……… 91
- **Q27** 役員が不正経理や不正融資に加担した場合、どのような責任が問われますか? ……… 94
- **Q28** JAの役員が、他の役員の不正行為を認識したにもかかわらず、理事会に報告しないとどうなりますか? ……… 96
- **Q29** JAの役員には、どのような守秘義務がありますか? ……… 98
- **Q30** JAの広報誌に「収穫祭」等の写真を載せる場合、組合員の顔写真が写っていますが、本人の同意は必要ですか? ……… 101
- **Q31** 理事会で話題になった事項について、家族や同地区の親しい住民であれば話をしてもよいでしょうか? ……… 104
- **Q32** JAの役員が他の会社の役員や従業員になることはできますか? ……… 108
- **Q33** JAの役員が職員にパワハラ、セクハラ等の行為をした場合、どうなるのでしょうか? ……… 110
- **Q34** 孫に「JAの定期貯金キャンペーンでもらえるノベルティがほしい」とねだられていますが、少しならもらっても問題はないでしょうか? ……… 115
- **Q35** 家族が融資を望んでいますが、何かよい方法はないでしょうか? ……… 118

- Q36 JAが行う設備投資を知人の企業に委託したいと
思いますが問題はありますか？ ……………………………… 123
- Q37 組合員資格のない地区外居住者の知人から、
虚偽の住所で組合員名簿を作成したうえで
融資をしてほしいと言われました。
応じた場合はどのような罪に問われますか？ ………… 127
- Q38 暴力団員から因縁をつけられ、融資するように
脅迫されています。どうしたらよいでしょうか？ ………… 131
- Q39 マネー・ローンダリング、テロ資金供与対策とは
何ですか？ ……………………………………………………… 135
- Q40 休日に飲酒運転をして警察に検挙されました。
逮捕はされていませんが、JAの役員として、
JAに報告する必要はありますか？ ………………………… 139
- Q41 知人の貯金金利のみを過度に優遇した場合には、
どのような罪に問われますか？ …………………………… 142
- Q42 不祥事件が起きた場合の対応について
教えてください。 ……………………………………………… 144

Column

- その1 「監督」と「監査」の違い ……………………………………… 19
- その2 立証責任について ……………………………………………… 23
- その3 過失とは不注意のこと？ ……………………………………… 43
- その4 「被告」と「被告人」、「被疑者」と「被告人」 ……………… 75
- その5 「忘れられる権利」について ………………………………… 87
- その6 プライバシー権とは？ ………………………………………… 107
- その7 パワハラ、セクハラの裁判の実態 …………………………… 114
- その8 酒酔い運転と酒気帯び運転の違いと自転車の場合 …… 141

〈本書をお読みいただくにあたって〉

　本書では、以下の略称を用いて表記しています。

・農業協同組合……ＪＡ、農協、農業協同組合
・農業協同組合法……農協法
・出資の受入れ、預り金及び金利等の取締りに関する法律……出資法
・個人情報の保護に関する法律……個人情報保護法
・私的独占の禁止及び公正取引の確保に関する法律……独占禁止法

第1章

JA役員の責任

　JAの運営において、意思決定や業務執行を担う「機関」は、総（代）会・経営管理委員会・理事会・代表理事・監事等です。そして、その機関の構成メンバーである経営管理委員・理事および監事がJAの役員です。
　本章では、JA役員の法的責任や社会的責任、また、善管注意義務や忠実義務等について確認します。

Q1 ▶ JAの役員とは何ですか?

Answer

JAの理事・監事・経営管理委員をいいます。

なお、本書では、主に、理事と監事の責任やコンプライアンスについて解説します。

解説

　JA（農業協同組合）は、法人です（農協法4条）。法人は、法律上それ自身が権利・義務の主体となります。

　例えば、株式会社の構成員（＝社員）は株主ですが、株式会社自体が土地を所有し、債務を負担することが可能です。株式会社が銀行から借入をしたとしても、構成員（＝社員）である株主が返済義務を負うわけではありません。

　JAも株式会社と同じ法人です。しかし、法人は自然人と異なり、法人自体が意思決定をすることも業務執行をすることもできません。そこで、法人には、意思決定をしたり、業務執行をしたりする「機関」が必要になります。

　JAにとって機関の役割を担うのは、総（代）会、経営管理委員会、理事会、代表理事・業務執行理事、監事等です。

1 役員とは

　JAの機関である経営管理委員会・理事会の構成メンバーである経営管理委員・理事および監事を、JAの役員といいます。

　経営管理委員会・理事会は、合議体の機関ですから、その構成メ

ンバー1人ひとりが意思決定をしたり、業務執行をしたりするわけではありません。

したがって、理事・経営管理委員は、ＪＡの役員とはいってもＪＡの機関ではありません。

これに対して、監事は独任制の機関ですから、1人ひとりの監事がＪＡの監査業務について意思決定をしたり、職務執行をしたりします。監事会があっても、監事1人ひとりが独立した機関です。

2 代表理事と業務執行理事

理事会は、合議体ですから、日常の意思決定や業務執行をすべて理事会が行うことは現実的でありません。そこで、日常の意思決定や業務執行は、特定の理事に委ねることになります。これが、代表理事と業務執行理事です。

代表理事は、「組合の業務に関する一切の裁判上又は裁判外の行為をする権限を有する」（農協法35条の3第2項）とされています。しかし、通常は、代表理事だけで組合の日常の意思決定や業務執行をすべて行うことはできません。そこで、理事の中から、部門ごとに担当する理事を決めて、意思決定や業務執行を分担しています。これを業務執行理事といい、会社法363条1項2号が定める業務執行取締役すなわち「代表取締役以外の取締役であって、取締役会の決議によって取締役会設置会社の業務を執行する取締役として選定されたもの」に相当しますが、農協法に特段の定めがあるわけではありません。

代表理事と業務執行理事は、日常の意思決定や業務執行を単独で行うという意味においては、ＪＡの機関ということになります。

3　常勤理事と非常勤理事

通常は、常勤理事の中から、代表理事や業務執行理事が選任されます。これらの理事には、組合長、専務理事、常務理事等の役職名が付くことがありますが、これらの役職名と農協法で定められた理事の権限や責任は別のものです。

理事会の構成メンバーとしての理事の権限や責任は、常勤理事でも非常勤理事でも変わることはありません。

4　監事

監事は、「理事（略）の職務の執行を監査する」ことが職務です（農協法35条の5第1項）。

理事と異なり、たとえ監事会というものがあったとしても、多数決の意見ではなく、1人ひとりが独立して、監査権限を行使しますので、監事1人ひとりがそれぞれJAの機関ということになります。

5　員内監事と員外監事、常勤監事と非常勤監事

JAには、2名以上の監事を置くことが必要です（農協法30条2項）。このうち1名はJAの「員外」、つまり、JAの役員や使用人等の関係者以外でなくてはなりません（同条14項）。これを、員外監事といいます。

反対に、JAの理事や使用人が、理事や使用人を辞めた後に監事になる場合は、員内監事ということになります。

また、原則として、JAには、常勤監事が必要です（同条15項）。「常勤」とは、原則として、JAの営業時間中は、常に監事として執務するか、対応が可能な監事ということになります。員内監事≒

常勤監事と思われがちですが、「員外」「員内」は資格要件による区分で、「常勤」「非常勤」は勤務実態による区分です。

いずれも、監事としての権限や責任は、変わりません。

【図表】JAの役員とそれぞれの役割イメージ

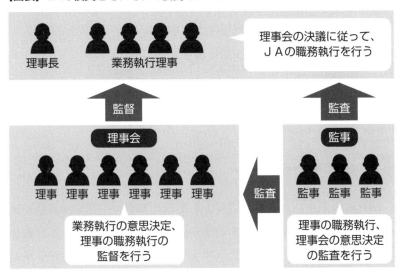

> **Point**
> ❶ JAは、株式会社と同じ法人であり、法人の意思決定や業務執行をする「機関」が必要となる。
> ❷ JAの機関は、総（代）会、経営管理委員会、理事会、代表理事・業務執行理事、監事等をさす。理事は、JAの機関ではなく理事会の構成メンバーとなる。
> ❸ JAの役員は、経営管理委員・理事・監事をさす。
> ❹ JAの役員には、常勤・非常勤、員内・員外の区別はあるが、権限と責任は同じ。

Q2 JAの役員はどのような法的責任を負っているのでしょうか?

Answer

役員個人が負う法的責任は、刑事上の責任、民事上の責任、行政上の責任の3種類があります。

解説

1 刑事上の責任

　刑罰法規が定める規範に違反した場合において、刑事訴訟法が適用される刑事手続を経て有罪判決が確定すると執行される不利益処分（刑罰）のことを、一般に刑事上の責任といいます。刑法9条に、「死刑、懲役、禁錮、罰金、拘留及び科料を主刑とし、没収を付加刑とする」とありますので、これらが刑罰の種類です。

　刑罰法規は、主に刑法が定めていますが、農協法、独占禁止法、不正競争防止法等、個別の法律においても、「〜をしてはならない」「〜をしなければならない」という規範を示したうえで、その違反には刑事罰を科すという形で刑罰法規が定められています。これにより、ＪＡの役員が、国から刑事罰を科される形で責任を負います。

2 民法上の責任

　私人間の契約に違反した場合の債務不履行責任や、不法行為に基づく責任を、一般的に民事責任といいます。

　民法415条は、「債務者がその債務の本旨に従った履行をしないと

きは、債権者は、これによって生じた損害の賠償を請求することができる。債務者の責めに帰すべき事由によって履行をすることができなくなったときも、同様とする」とし、同法709条は、「故意又は過失によって他人の権利又は法律上保護される利益を侵害した者は、これによって生じた損害を賠償する責任を負う」としています。これにより、ＪＡの役員が、他者（ＪＡも含む）に対して主に損害賠償責任という金銭債務を負う形で責任を負います。

3 行政上の責任

　農協法は、その目的（１条（注））を達成するための行政法規ですが、様々な秩序を定めて、行政庁に対して、許可、認可、命令等の行政処分の権限を与えています。これらの秩序や行政処分に違反した場合の責任を、一般的に行政上の責任といいます。

　例えば、ＪＡは、法律の規定に基づいて行うことができる事業が定められていますが、これ以外の事業を行ったときには、役員に対して、50万円以下の過料が科されます（農協法101条１項１号）。これは、刑事罰である罰金とよく似ていますが、過料は、裁判所の裁判による刑罰ではなく、行政処分による金銭罰ですから、いわゆる前科にはなりません。ＪＡの役員が、当局から行政処分を受けるという形で責任を負います。

（注）　この法律は、農業者の協同組織の発達を促進することにより、農業生産力の増進及び農業者の経済的社会的地位の向上を図り、もって国民経済の発展に寄与することを目的とする。

4 役員と3つ(刑事上・民事上・行政上)の責任の関係

　これらの3つの責任は、JAの役員として同時に負います。

　このことは、「自動車の運転手が飲酒運転していて、横断歩道上の歩行者に衝突して怪我をさせた」という交通事故を考えるとわかりやすいでしょう。交通事故を起こした自動車の運転手は、次の3つの責任を負います。

　①刑事上の責任：刑事裁判での懲役または罰金
　②民事上の責任：民事裁判での被害者に対する損害賠償
　③行政上の責任：公安委員会による運転免許の取消

　そして、これらの責任は運転手が同時に負います。

【図表】役員の負う法的責任

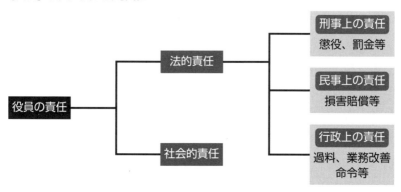

Point

❶ JAの役員の法的責任は、刑事上の責任、民事上の責任、行政上の責任の3種類があり、これらは、いずれも同時に負う。

❷ 3つの法的責任は、交通事故において運転手が負う責任と同じと理解できる。

JAの役員が負う刑事上の責任とは何ですか?

Answer

刑法が定める業務上横領・背任等のほか、刑事罰を定める法律が数多くあります。

解説

1 刑法と特別刑法

　一般に刑事罰を定めているのは刑法ですが、それ以外にも個別の法律で刑事罰を定めていることがあり、それは「特別刑法」とよばれます。

　例えば、行政庁はJAに対して、農協法に基づく「検査」をすることができますが(農協法94条)、この検査を妨害(忌避)した場合には、検査妨害(忌避)の罪に問われます。検査妨害(忌避)が、貯金等の受入れの事業を行う組合に係るものであれば、「1年以下の懲役または300万円以下の罰金」に処せられることになります(同法99条の7)。これが特別刑法です。

2 JAの役員が刑法上の責任を問われる事例

　JAの役員が、業務に関連して刑法上の責任を問われる可能性が高いのは、以下のような罪名です。

・有印私文書偽造・同行使罪(刑法159条1項、161条1項)
　例:保険契約において、お客様からもらうべき「意向確認書」を

偽造した。

・窃盗罪（同法235条）

自分が占有（管理）していないＪＡの現金等を盗んだ。

例：営業店の渉外担当者が、ＡＴＭ管理者に内緒で、ＡＴＭを開けてＡＴＭの装填現金を盗んだ。

・業務上横領罪（同法253条）

自分が占有（管理）しているＪＡの現金等を盗んだ。

例：ＪＡの営業所長（支店長）が、自ら占有（管理）しているＪＡの営業店の金庫内の現金を盗んだ。

・詐欺罪（同法246条）

例：組合員に架空の金融商品を勧誘・販売して、販売代金を受領した。

・背任罪（同法247条）

例：融資担当者が、組合員の懇願を受けて、本来であれば融資することができない組合員に融資を行い（情実融資）、ＪＡに損害を与えた。

3 ＪＡの役員が特別刑法上の責任を問われる事例

　ＪＡの役員として気をつけるべきは、上記のような刑法上の窃盗や業務上横領等だけではありません。ＪＡは、公共性の高い金融機関、協同組織ですから、その役員には様々な規範が定められており、これらに違反すれば刑事罰を科せられることになります。農協法の罰則は、同法９章以下に定められています。

　また、農協法以外にも、ＪＡの役員が、業務に関連して特別刑法上の責任を問われる可能性が高いものがあり、主に以下のような罪名があります。

・営業秘密侵害罪（不正競争防止法21条1項各号）
　例：秘密として管理されているＪＡの顧客の住宅ローン延滞情報を、貸金業者に売却した。
・カルテル（独占禁止法2条6項、3条、89条1項1号）
　例：手数料や販売価格を地域のほかの業者と共同して高めに設定して、抜け駆けをさせないように事業者間で合意をした。
・浮き貸し（出資法3条、8条3項1号）
　例：ＪＡの役員が、ＪＡがおよそ貸出しできないような業態悪化先に対し、運用先に困っている富裕層の個人を紹介して、お金を貸出させた（ＪＡの役員が、個人のお金をＪＡの融資先に貸しても浮き貸しになる）。
・基準外の食品の販売（食品衛生法11条、72条）
　例：厚生労働大臣の定めた規格や基準に合わない方法によって食品を販売等した（牛の生レバーを販売した等）。

> **Point**
>
> ❶ ＪＡの役員が刑事上の責任を問われるのは、刑法だけではない。
> ❷ 農協法にも、刑事罰を定めた条項は存在する。
> ❸ 農協法以外にも、独占禁止法、不正競争防止法、出資法、食品衛生法等刑事罰を定めた法令があり、ＪＡの役員はこれらの法令を遵守する必要がある。

Q4 JAの役員が負う民事上の責任とは何ですか？

Answer

JAの役員が負う民事上の責任は、債務不履行に基づく責任と不法行為に基づく責任に大きく分かれます。また、責任を負う相手としては、JAまたはそれ以外の第三者という区別ができます。

解説

1 JAとの間の契約について

(1) 従業員の場合

JAとその従業員の間の契約は、「雇用契約」（民法623条）です。この場合、JAは従業員に対し、労務に関して指揮命令する権限があり、従業員も、その命令が違法または濫用的なものではない限り、その命令に従う義務を負います。

その反面、従業員がその業務命令に従う限りにおいては、JAから責任の追及を受けることは原則としてありません。なぜなら、業務命令が適切ではなくJAに損害が生じたとしても、その責任は指揮命令をしたJAが負うからです。

なお、従業員を兼務する理事（例：融資部長兼務理事）の場合、従業員としての地位（例：融資部長）は雇用契約になります。

(2) 役員の場合

JAとその役員の間の契約は、「委任契約」（民法643条）です。

これは、「組合と役員との関係は、委任に関する規定に従う」（農協法30条の３）となっていることからも明らかです。この場合、ＪＡは、役員に対して、執務に対して指揮命令する権限はありません。「委任は、当事者の一方が法律行為をすることを相手方に委託し、相手方がこれを承諾することによって、その効力を生ずる」（民法643条）とされており、法律行為でない「事務の委託」についても同様です（同法656条）。

　つまり、ＪＡが役員に対し、「ＪＡの経営をお願いする」ということを委託したわけですから、あとはその受任の範囲で役員が法律行為や事務を遂行することになります。医師に病気の治療をお願いする、弁護士に訴訟をお願いするといったのと同じように、ＪＡはその経営を「プロフェッショナル（専門家）」である役員に委託したことになるため、委任者（ＪＡ）が受任者（役員）に対して指揮命令をするという関係ではありません。

２　受任者の責任

　では、受任者は、委任を受けた法律行為や事務について、どんなことをしてもよいのでしょうか。民法は、受任者の善管注意義務を定め（民法644条）、農協法は、役員の忠実義務を定めています（理事につき農協法35条の２第１項、監事につき同法35条の５第５項。Ｑ７参照）。

　したがって、役員は、ＪＡの指揮命令に服する義務はありませんが、その職務の遂行については、ＪＡに対し、善管注意義務および忠実義務といった責任を負うことになります。

3 JAの役員が民事上の責任を問われる場合

(1) JAから責任を問われる場合

　前述のように受任者である役員は、委任者であるJAに対して、善管注意義務および忠実義務を負っているわけですから、これに違反した場合には、委任契約の債務不履行責任（民法415条）を問われます。

　農協法においても、「役員は、その任務を怠ったときは、組合に対し、これによって生じた損害を賠償する責任を負う」（農協法35条の6第1項）とされています。

(2) 第三者から責任を問われる場合

　役員が、故意または過失によって、他人の権利または法律上保護される利益を侵害した場合は不法行為となりますから、当該役員は、これによって生じた損害を賠償する責任を負う（民法709条）ことになります。

　しかし、この場合の故意・過失の対象は、第三者の権利または法律上保護される利益の侵害に対して存在しなければなりませんから、JAの役員の不法行為については、第三者の保護として不十分です。なぜなら、単に役員が、JAの役員としての職務遂行において、故意または過失があったとしても、通常その故意または過失の対象は、「その職務を行うこと」だからです。

　そこで、農協法は、「役員がその職務を行うについて悪意又は重大な過失があったときは、当該役員は、これによって第三者に生じた損害を賠償する責任を負う」（農協法35条の6第8項）として、役員に法定責任を負わせています（**Q10**参照）。

第1章 JA役員の責任

> **Point**
>
> ❶ JAの役員は、経営のプロとして、JAに対して委任契約の受任者としての責任を負う。
>
> ❷ JAの役員は、JA以外の第三者に対して不法行為による損害賠償責任を負う。
>
> ❸ 不法行為による損害賠償責任には、一般の損害賠償責任のほか、農協法で特別に定められた法定責任がある。

Q5 ▶ JAの役員が負う行政上の責任とは何ですか？

Answer

JAの役員が、農協法に違反した場合には、JA自体が行政処分を受けるほか、役員個人にも行政刑罰と秩序罰が科されることがあります。

解説

1 行政上の責任とは

農協法は、「農業者の協同組織の発達を促進することにより、農業生産力の増進及び農業者の経済的社会的地位の向上を図り、もって国民経済の発展に寄与することを目的」（農協法1条）とした行政法規です。農協法は、その行政目的を達成するための行政法規ですから、これに違反した場合には、行政上の責任を問われることになります。

2 JAの負う行政上の責任とJAの役員個人が負う行政上の責任

行政上の責任は、通常JAが負います。極端にいえばJAの解散命令（農協法95条の2）による解散（同法64条1項5号）ですが、よくあるのは業務改善命令（同法94条の2第2項）でしょう。

しかし、JAの業務を遂行するのは、法人としてのJAではなく、自然人であるJAの役職員ですから、JAの役員個人が行政上の責任を負うこともあります。

3 行政刑罰と秩序罰

⑴行政刑罰

　農協法には、特別刑法としての側面もあります。例えば、貯金を取り扱っているＪＡの役員が、ＪＡに預けられている貯金を投機取引のために使ったような場合には、「３年以下の懲役または100万円以下の罰金（または併科）」ということになります（農協法99条１項・２項）。

　これを行政刑罰といいますが、刑事責任を追及されるものですから、刑事訴訟法に基づいた刑事裁判がなされて、それにより刑が確定します。

⑵秩序罰

　行政刑罰に対して、秩序罰とよばれるものもあります。行政法規は、行政秩序を達成するためのものですが、これに違反した場合、重大なものであれば、刑罰を科すことになります。

　しかし、日常的に行われる届出義務等をしなかった場合にも刑法、刑事訴訟法に基づいて刑罰を科すというのは非現実的です。そこで、行政法規は、秩序罰として「過料」を定めています。

　例えば、封印のある遺言書を勝手に開封してしまったような場合は、「５万円以下の過料」になる（民法1004条３項、1005条）といったものです。

4 農協法における秩序罰

　農協法には、様々なルールが定められていますが、それに違反した場合には、重大なものであれば刑事罰（農協法99条から100条の

6)、そこまで重大ではない場合については、秩序罰としての過料を定めています（同法100条の7から103条）。

　農協法の定める過料は最大で100万円です。しかし、秩序罰であり、刑事罰でないからといっても、ＪＡは農協法に基づく公共的存在ですから行政法規に違反してはいけません。

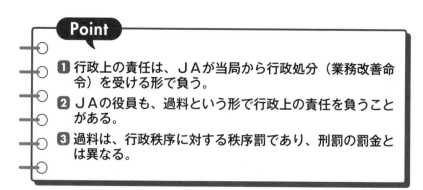

Point

❶ 行政上の責任は、ＪＡが当局から行政処分（業務改善命令）を受ける形で負う。

❷ ＪＡの役員も、過料という形で行政上の責任を負うことがある。

❸ 過料は、行政秩序に対する秩序罰であり、刑罰の罰金とは異なる。

Column　　その1.「監督」と「監査」の違い

　普段、あまり意識しませんが、実は、「監督」と「監査」には大きな違いがあります。

　「監督」には、強制力があります。つまり、代表理事や業務執行理事は、理事会の「監督」を受けるため、理事会の業務執行の意思決定に従う義務があります。従わなければ解任されますし、それ自体が法令等に違反します。一方、監事の「監査」には、強制力はありません。

　しかし、監事の意見は、理事の任命・解任の権限を持つ機関や、行政当局の判断の参考材料として極めて重要な意味をもちます。

Q6 JAの役員は、法的責任以外にも責任を負うことがありますか?

Answer

法的責任以外にも、JAの役員として、社会的責任を負うことがあります。

解説

1 法的責任の追及

　刑事上の責任を追及しようとした場合、検察官は、JAの役員を被告人として起訴をし、犯罪事実を証明して有罪の判決を確定させる必要があります。立証責任はすべて検察官側にありますから、膨大なコスト（捜査や裁判に必要な費用、体力、時間等）がかかります。

　民事上の責任を追及しようとした場合、原告は、JAの役員を被告として訴えを提起し、訴えの原因となった事実を証明して勝訴の判決を確定させる必要があります。立証責任は原則として原告側にありますから（*Column*その2参照）、やはりコストがかかります。

　そこで多くの場合は、行政上の責任が追及されることになります。この場合は、JAに対する業務改善命令（農協法94条の2第3項）等によることが多く、その他は役員に対する過料（同法100条の7から103条）ということになりますが、コストがかかるのは同じです。

2 社会的責任の追及

　法的責任の追及がなされなくても、ＪＡの役員には社会的責任の追及がなされることがあり、事実上のペナルティーとしてはこちらのほうが大きいことがあります。

　また、すでに社会的制裁を十分に受けていると検察官が判断した場合には、刑事事件を不起訴処分（起訴猶予）とすることもあります。

3 ＪＡの役員が社会的責任を問われる場合

　例えば、ＪＡの役員が、ＪＡ内で発生した不祥事件を隠蔽したところ、当局に内部通報がなされ、そのＪＡに検査が入ったとします。

　検査でも、ＪＡの役員が検査官に虚偽の説明をする、資料をシュレッダーにかける等したとしましょう。これらの行為が明らかになれば、不祥事件の隠蔽・検査忌避として、地元の新聞やマスコミによって報道されることになります。結果、ＪＡの役員は、引責辞任を余儀なくされるといった事態になるでしょう。これが、社会的責任を問われる場合の典型例です。

4 社会的責任を問われることの重大さ

　最近はインターネットの浸透によって、いったん事件・事故が報道されると、何年経過してもその事件・事故は、インターネット上に記録され、第三者は容易に検索をすることができます。児童買春で逮捕されて、その氏名が報道された会社員について、検索記事の削除を認めなかった判例もありました（最決平成29・1・31民集71巻1号63頁）。そうすると、何年経っても、インターネットで検索

することが可能になります。

　ＪＡは、地域に根付き、地域社会の一員として活動しているわけですから、事件・事故のことは組合員だけではなく、当該地域内の住民の間で、何年経っても語り継がれてしまうでしょう。本人だけではなく、家族や親戚も風評被害や噂に晒され続けることになりますから、社会的責任を問われることは、刑事上の責任を問われることと同様に、またはそれ以上に厳しい結果となります。

> **Point**
>
> ❶ ＪＡの役員は、法的責任以外にも、社会的責任を問われることがある。
> ❷ ＪＡの役員が、受けるダメージは、法的責任よりも社会的責任のほうが大きいことがある。
> ❸ ＪＡの役員として、「法的責任を問われなければそれでよい」という考え方は、まったく割に合わない考え方。

Column　　　その２. 立証責任について

　日常生活で損害賠償を求めるという場合、その多くは民法709条の不法行為責任の追及によるものです。これは、契約関係にない私人間の損害賠償請求になります。同条は、「故意又は過失によって他人の権利又は法律上保護される利益を侵害した者は、これによって生じた損害を賠償する責任を負う」としています。つまり、損害賠償を求める側（原告）が立証しなければならないのは、以下の４点です。
　①損害賠償請求の相手方（被告）の行為に故意・過失があること
　②自分の権利等が侵害されたこと
　③損害が発生したこと
　④被告の行為と損害の間に因果関係があること
　これに対し、ＪＡが役員に対して委任契約上の責任を問う場合は、民法415条の債務不履行責任の追及によるものです。これは、契約関係にある私人間の損害賠償請求になります。同条は、「債務者がその債務の本旨に従った履行をしないときは、債権者は、これによって生じた損害の賠償を請求することができる」としています。つまり、原告が立証しなければならないのは、以下の３点です。
　①債務の本旨に従った履行がなされなかったこと
　②損害が発生したこと
　③被告の行為と損害の間に因果関係があること
　この場合、被告の故意・過失については、原告側で立証責任を負うのではなく、被告側で故意・過失はなかった、ということを立証しなければなりません。裁判は、証拠によってなされますので、証拠がない場合は、立証責任を負う側が敗訴ということになります。弁護士は、事件の相談が依頼者からあった場合は、常にこの立証責任を考えています。

Q7 善管注意義務・忠実義務とはどのような義務ですか？

Answer

善管注意義務とは、「善良なる管理者としての注意義務」のことです。忠実義務とは、「忠実に職務を遂行する義務」のことです。

解説

1 善管注意義務とは

　ＪＡとＪＡの役員の間の法律関係は、委任契約です（Ｑ４参照）。民法では、「受任者は、委任の本旨に従い、善良な管理者の注意をもって、委任事務を処理する義務を負う」（民法644条）とされており、これを一般的に「善管注意義務」（善良なる管理者の注意義務）とよんでいます。

　しかし、善良なる管理者としての注意義務といっても、抽象的過ぎますし、法令に定義があるわけでもありません。受任者の善管注意義務とは、委任契約の遂行において、「社会通念上、客観的かつ一般的に要求される注意を払う義務」ですが、その水準は受任者の地位や職業に応じて定まります。

　ここで重要なのは、「客観的かつ一般的」ということです。したがって、ＪＡの役員個人が「自分はどんなに注意をしていた」と主張したとしても、それは関係がありません。

　ＪＡの役員は、経営のプロフェッショナルとして、ＪＡから経営を任されたわけですから、ＪＡの役員に求められる善管注意義務は、医師や弁護士と同様におのずと高度な水準になります。

2 忠実義務とは

　農協法は、「理事は、（略）組合のため忠実にその職務を遂行しなければならない」（農協法35条の2第1項）と定め、監事につき、その規定を準用しています（同法35条の5第5項）。これを一般的に「忠実義務」とよんでいます。

　忠実義務の内容について、判例は、「忠実義務は、善管注意義務をふえんし、かつ、一層明確にしたにとどまり、通常の委任関係に伴う善管注意義務とは別個の、高度な義務を規定したものではない」（最大判昭和45・6・24民集24巻6号625頁）としており、善管注意義務と同様の義務としています。

3 忠実義務と利益相反

　最近は「利益相反」取引に対する社会的な意識が高まっており、各JAにおいても「利益相反管理方針」等を定めています。

　忠実義務には、2つの側面があります。1つは、委任者であるJAの経営のために最善を尽くすという積極的行為規範です。これは上記の最高裁大法廷昭和45年6月24日判決のとおり、善管注意義務と同様です。そしてもう1つは、JAから受任した事務の遂行において、自己または第三者の利益を図ってはならないという消極的禁止規範です。

　例えば、JAの役員として、JAがある商品を購入する契約を締結する事務を遂行する例を考えましょう。

　売主（購入先）の候補はX社とY社があります。商品の価格・品質・納入時期等の条件はすべて同じです。どちらから購入してもJAとして差はなく、JAの役員として、JAの契約先にX社を選定しても、Y社を選定しても、JAの役員としての善管注意義務には

違反しないものとします。

　しかしこのとき、Ｘ社は、そのＪＡの役員の子弟が経営していたと仮定します。もし、ＪＡの役員がそのことを理由にＸ社を選定したら利益相反の問題が発生します。

　最近は、このような利益相反の観点も注目を集めており、ＪＡの役員としては疑われることがないようにしなければなりません。

> **Point**
>
> ❶ 善管注意義務と忠実義務は、いずれも「経営のプロフェッショナル」としてＪＡの経営を委任されたＪＡの役員に課される注意義務である。
>
> ❷ その注意義務の水準は、通常の社会人が基準ではなく、「経営のプロフェッショナル」としての専門家が基準である。
>
> ❸ 忠実義務の内容は善管注意義務と同じとするのが判例であるが、最近は、利益相反の観点から新しい考え方もある。

Q8 ▶ 役員がJAに対して損害賠償責任を負うことになる故意・過失とは何ですか?

Answer

故意とは、JAの役員の任務に違反することを認識しながら、あえてその行為をするという内心の状態をさします。

過失とは、JAの役員として求められる注意を欠いたために、任務に違背したという内心の状態をさします。

解説

1 故意とは

故意とは、一言でいうと「わざとする」ということですが、結果が発生する可能性を認識しながら、これを容認して行為をするような場合も、故意ということがあります。

例えば、休日で大勢の人が歩いている歩行者天国を、自動車を運転して時速100kmで暴走する行為は、殺人の故意があると判断されても仕方ないでしょう。これを「未必の故意」ともいいます。

2 過失とは

過失とは、一言でいうと「うっかりしていた」ということですが、結果が発生する可能性を認識していても、故意ではなく、過失となることがあります。

例えば、夜間の人通りの少ない住宅街の道路を、自動車を制限速

度をかなりオーバーして走行していたところ、歩行者が飛び出してきたという場合、死亡事故が起きる可能性は認識できますが、殺人の故意があるというのは無理でしょう。これを「認識ある過失」ともいいます。

このように、故意か過失かの判断は、専門家でも微妙な場合があります。

3 民事裁判における故意・過失

刑事裁判では、故意・過失の区別は大きな意味をもちます。なぜなら、「罪を犯す意思がない行為は、罰しない。ただし、法律に特別の規定がある場合は、この限りでない」（刑法38条1項）という、故意犯処罰の原則があるからです。ついうっかり他人の物を壊しても、「過失」器物損壊罪に問われるということはありません。器物損壊罪は、故意犯のみが処罰されるからです。

これに対し、民事裁判における損害賠償請求訴訟では、故意・過失を区別する意味は、ほとんどありません。なぜなら、債務不履行責任も不法行為責任も「故意」と「過失」を区別していないからです。故意により他人の物を壊しても、過失により他人の物を壊しても、弁償しなければいけないという損害賠償責任自体は同じということになります。

したがって、「何が故意か」ということよりも「何が過失か」ということのほうが実務上は重要です。

4 JAの役員としての過失について

JAの役員は、委任契約における受任者として、JAに対して善管注意義務、忠実義務を負っており、これに違反した場合には、J

Aが被った損害を賠償しなければなりません（民法415条、農協法35条の6第1項等）。

　そのためには、ＪＡの役員について過失が必要となるわけですが、この「過失」を判断するための注意義務は、**Q7**で述べたとおり、いずれも「経営のプロフェッショナル」としてＪＡの経営を委任されたＪＡの役員に課される注意義務です。

　したがって、「自分としてはまさかこんな結果になるとは思ってもみなかった」、つまり、「自分には予見できなかった」と主張しても、経営のプロフェッショナルとして予見すべきだったという判断がなされれば、「過失あり」となります。

> **Point**
>
> 1. 刑事裁判では、故意と過失の差は大きいが、民事裁判における損害賠償責任では、故意と過失の差はない。
> 2. ＪＡの役員としての過失は、経営のプロフェッショナルとしてＪＡの経営を委任されたＪＡの役員に課される注意義務を基に判断される。

Q9 JAが新規事業に失敗した場合、JAの役員は過失ありとして損害賠償責任を負いますか？

Answer

たとえ新規事業に「失敗するかも」という予見可能性があったとしても、いわゆる「経営判断の原則」に従って判断されます。

解説

1 JAの経営判断

　JAの役員としての経営判断は、複雑な現代社会において不確実な状況で迅速な決断を迫られる場合が多く、ときにはリスクを取ってでも新規事業や事業の改革に挑戦することもあります。

　しかし、その判断が結果として間違っていたときに、JAの役員に善管注意義務に違反したとして損害賠償責任を負わせることにすると、JAの役員が経営判断において萎縮してしまいます。また、「そのようなリスクの高いJAの役員にはなりたくない」と敬遠することにもつながってしまいます。

　JAの役員が、常に時間をかけて保守的な経営判断しか行わず、JAの役員になりたい人材もいないということになれば、安定して経営を持続することが困難となり、中長期的にみてJAや組合員のためにはならないでしょう。

　善管注意義務、忠実義務は、JAの役員に「結果責任」を負わせるものではありません。

2 経営判断の原則

そこで、実際の裁判においては、「経営判断の原則」に従って、善管注意義務、忠実義務違反が判断されています。

経営判断の原則とは、経営者には経営判断について裁量が認められることを前提に、次の①②の2つの要件を満たす場合には、裁量の逸脱がないものとして、経営者には善管注意義務、忠実義務違反がないとする考え方です（最判平成22・7・15金融・商事判例1353号26頁等）。

① 経営判断の前提となった事実認識の過程、すなわち、情報収集とその情報の分析および検討において不注意な誤りがない。

② 上記①の事実認識に基づく意思決定の推論過程・内容が著しく不合理ではない

3 経営判断の原則の適用

経営判断の原則が適用されるのは、「経営判断」に属する事項についてのみです（**図表**）。したがって、「法令、法令に基づいてする行政庁の処分、定款等及び総会（略）の決議を遵守」（農協法35条の2第1項）しなかった場合にはそもそも適用はされません。

【図表】経営判断の原則のイメージ

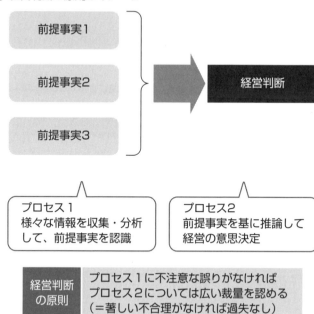

> Point

1. JAの役員の責任について、経営判断に属する事項には、「経営判断の原則」が適用される。
2. 経営判断の原則は、①事実認識の過程、②意思決定の過程の2つの段階で判断する。
3. JAの役員が、結論ありきで自己に都合のよい情報だけを集めたような場合には、経営判断の原則は適用されない。

Q10 役員が、第三者に対して損害賠償責任を負うことはありますか？

Answer

役員がその職務を行う際に悪意または重大な過失があったときは、その役員は、これによって第三者に生じた損害を賠償する責任を負います。

解説

1 役員の第三者に対する責任

役員がその職務を遂行した結果、第三者に損害が生じた場合は、通常はＪＡがその第三者に対して責任を負います。

例えば、ＪＡと第三者の間に契約が成立していれば、その第三者はＪＡに対して債務不履行責任（民法415条）を追及するでしょうし、不法行為によって被害を受けたのであれば（例えば、社用車との交通事故等）、その第三者はＪＡに対して使用者責任（同法715条）を追及するでしょう。

しかし、それでは不十分な場合があります。１つ目は、ＪＡが破綻する等して、裁判で勝訴したとしても損害賠償を受けられない場合です。損害賠償請求訴訟で「金１億円を支払え」という判決が出たとしても、被告であるＪＡに支払能力がなければ強制執行もできません。２つ目は、立証が困難な場合があることです。

そこで、農協法は役員に対して第三者に対する責任を負わせています。

2 故意・過失の対象

　一般に、「故意又は過失によって他人の権利又は法律上保護される利益を侵害した者は、これによって生じた損害を賠償する責任を負う」（民法709条）とされていますが、ＪＡの役員がその職務を遂行するときの注意義務の対象は、ＪＡの役員としての職務の遂行に対するものであって、第三者の権利等の侵害に対するものではありません。そのため、民法709条によって、第三者がＪＡ役員に対して、損害賠償責任を問うことは極めて困難です。そこで、農協法は「役員がその職務を行うについて悪意又は重大な過失があったときは、当該役員は、これによって第三者に生じた損害を賠償する責任を負う」（農協法35条の6第8項）として、ＪＡの役員に法定責任を負わせています。

3 重大な過失とは

　役員の第三者に対する責任にいう「重大な過失」とは、「通常要求される程度の注意をしていなかったとしても、わずかに注意していれば結果を予見、回避できたのに漠然とこれを見過ごすといった注意を著しく欠いた内心の状態」をいいます。
　一般的な例でいえば、タバコを喫いながら自動車にガソリン給油して、引火したような場合が典型例です。

4 ＪＡの役員が第三者に対して損害賠償責任を負う例

　例えば、ＪＡが第三者から資金を集めて、その大半をＦＸ（外国為替証拠金取引）で運用して失敗した結果、ＪＡ自体が破綻してし

まったとします。

　この場合、すでにそのＪＡは破綻してしまっていますから、第三者は、ＪＡに損害賠償請求をしたとしても意味がありません。そこで、その第三者は「ＪＡの資産をＦＸ（外国為替証拠金取引）で運用する」といった判断をしたＪＡの役員個人の責任を追及することになります。

　ＪＡの場合、そのようなことはほとんどありませんが、一般の株式会社では取締役が無茶な経営判断をした結果、会社が破綻してしまうというのはよくあるケースです。

5　決算関係書類等の特例

　決算関係書類や登記・公告は、それを閲覧する第三者を前提としており、ＪＡにとっても極めて重要なものです。したがって決算関係書類や登記・公告に誤った記載をしても、役員に重過失がなければ免責されるというのは不適切です。

　そこで、理事については、決算関係書類に虚偽記載や、虚偽登記・公告をした場合、監事については、監査報告書に虚偽記載をしたような場合は、理事・監事側で過失がなかったことを立証しない限りは、第三者に対する責任を負います（農協法35条の6第9項）。

> **Point**
>
> ❶ ＪＡの役員は、ＪＡに対して損害賠償責任を負うほか、第三者に対しても損害賠償責任を負うことがある。
>
> ❷ ＪＡの役員の第三者に対する損害賠償責任は、一般の不法行為責任のほかに、農協法で定められた法定責任があり、ＪＡの役員がその職務を行う際に重大な過失があったときは、その役員は第三者に対して直接損害賠償責任を負う。

Q11 役員のJAに対する損害賠償責任はどのように追及されるのですか?

Answer

裁判所が、原告の訴えを基に判断します。原告になるのは、JAまたは組合員です(組合員代表訴訟)。

解説

1 JAの役員の任務懈怠による民事責任の追及方法

JAの役員の任務懈怠によって、JAが損害を被った場合、JAが原告となって、そのJAの役員を被告として訴えます。そして、裁判所は、原告の訴えを基に判決を言い渡します。

【図表1】民事責任追及のイメージ

原告
JA

裁判所(民事)
損害賠償請求 →

被告
JAの役員

2 訴訟提起の意思決定と訴訟の遂行について

　ＪＡが原告になるといっても、ＪＡ自体は法人ですから、「訴訟提起をする」という意思決定をしなければなりませんが、その意思決定は「理事会による多数決」で決定するのが原則です。そして、原告は、「●●農業協同組合 代表理事　甲野乙郎」となるはずです。この場合において、責任追及を受ける理事がその「甲野乙郎」だった場合はどうでしょうか。これには、次の２つの問題があります。

　①そもそも●●農業協同組合がその代表理事を訴えるか
　②「甲野乙郎」がＪＡのために訴訟を遂行するか

【図表２】代表理事が責任追及を受ける場合のイメージ

原告
●●農業協同組合
代表理事　甲野乙郎

裁判所（民事）
損害賠償請求

被告
甲野乙郎

　①については、不祥事件で経営陣が交代して、新経営陣が旧経営陣の責任を追及する等の場合を除いて、まず、役員の責任を追及するという意思決定はなされないでしょうし、②については、馴れ合い訴訟になるのは必至です。

3 組合員代表訴訟について

　同じような問題は、株式会社でも起こります。会社法は、このような問題に対して、株主代表訴訟という制度を設けました。農協法

では、会社法を準用する形で「組合員代表訴訟」という制度になっています（農協法41条、会社法847条から853条）。ＪＡが理事の責任を追及すべきであるのに追及しないという場合には、組合員がＪＡに代わって、役員の責任を追及できるという制度です。

図表3で、組合員である丙山丁夫は、●●農業協同組合のために、訴訟を提起するわけですから、「被告は、原告に対して、金〇〇円を支払え」という訴えではなく、「被告は、●●農業協同組合に対して、金〇〇円を支払え」という訴えを提起することになります。

【図表3】組合員代表訴訟のイメージ

原告
●●農業協同組合
組合員　丙山丁夫

裁判所（民事）

損害賠償請求

被告
甲野乙郎

Point

❶ ＪＡの役員が、任務を怠って、ＪＡに損害が生じた場合は、ＪＡが原告となって、ＪＡの役員を被告として、裁判所に損害賠償請求訴訟を提起する。

❷ ＪＡが、ＪＡの役員に損害賠償請求訴訟を提起しない場合には、ＪＡに代わって、ＪＡの組合員が原告となって、ＪＡの役員を被告として、裁判所に損害賠償請求訴訟を提起する。

❸ 上記❷を一般的に「組合員代表訴訟」という。

Q12 代表理事と一般理事で損害賠償責任の違いはありますか？

Answer

法律上、代表理事と一般理事で損害賠償責任の違いはありません。

解説

1 農協法の定めについて

農協法は、「役員は、その任務を怠ったときは、組合に対し、これによって生じた損害を賠償する責任を負う」（農協法35条の6第1項）としています。ここでは、「代表理事」と「一般理事」の区別をしていません。したがって、法律上は、代表理事と一般理事で損害賠償責任の違いはありません。

2 理事の「任務」について

実際には、「任務」の内容については、各理事において異なります。多くのJAでは、各理事に職掌を割り当てています。農業協同組合の機関である「理事会」を構成するメンバーという点では同じ（Q1参照）ですが、それぞれに応じた「任務」があります。したがって、それに応じて「過失」の有無の判断がなされます。

3 具体的な事例の検討

　例えば、あるＪＡでは、**図表**のような理事で構成される理事会があり、また、このＪＡには、「３億円以上を無担保で融資する場合には理事会の決議を要する（それ未満は理事長の決裁権限）」というルールがあったとします。

　このＪＡで、以下の事件が問題になりました。

【図表】事例：あるＪＡの理事会

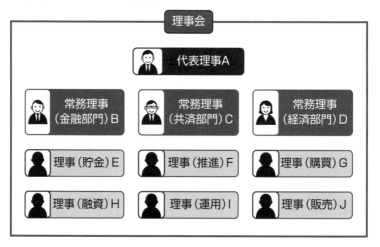

〈問題となった事件〉

　代表理事Ａが、２億円の無担保融資を、理事会決議を経ることなくＹ社に融資して、その結果２億円が回収不能になった。

　Ｙ社自身は、反社会的勢力であり、代表理事Ａと親密な交際があった。関与したのは、代表理事Ａとその指示を受けた金融部門を担当する常務理事Ｂおよび融資部門を担当する理事（従業員兼務）Ｈであるが、極めて巧妙な手口で審査書類を偽造していた。

(1)理事の相互監視義務について

　農協法には、「理事会は、組合の業務執行を決し、理事の職務の執行を監督する」（農協法32条3項）とありますので、理事会の構成メンバーである理事も、他の理事の職務の執行について相応の注意を払う必要があります。

　この点について、株式会社の事案ですが、判例は「株式会社の取締役会は会社の業務執行につき監査する地位にあるから、取締役会を構成する取締役は、会社に対し、取締役会に上程された事柄についてだけ監視するにとどまらず、代表取締役の業務執行一般につき、これを監視し、必要があれば、取締役会を自ら招集し、あるいは招集することを求め、取締役会を通じて業務執行が適正に行なわれるようにする職務を有するものと解すべきである」としています（最判昭和48・5・22民集27巻5号655頁）。

　これを一般的に「取締役の相互監視義務」とよんでおり、ＪＡの理事についても同様に「理事の相互監視義務」があります。

(2)理事の相互監視義務における「過失」について

　〈問題となった事件〉の場合、代表理事Ａ、常務理事Ｂおよび理事Ｈ以外の理事については、相互監視義務について「過失」の有無が焦点になるでしょう（過失につき*Column*その3参照）。

　ＡＢおよびＨ以外の理事について、「Ｙ社が反社会的勢力であり、ＪＡとして融資を実行するべきではない」ということに、ＪＡの理事として気付くべきであった（＝過失がある）と裁判所が判断すれば、連帯責任を負いますので（農協法35条の6第10項）、ＡＢおよびＨ以外の理事もＡＢおよびＨと同じ責任を負います。ＪＡの理事として注意義務を果たしていたとしても、気付くことは困難であった（＝過失はない）とすれば、ＡＢおよびＨ以外の理事は責任は負

いません。

> **Point**
>
> ❶ 法律上は、代表理事と一般理事で損害賠償責任の違いはない。
> ❷ 理事には相互にその職務執行を監視する義務がある。
> ❸ 理事が、相互監視義務違反を問われて「過失がある」と判断された場合は、連帯責任を負うことになる（Q14参照）。

Column　　　　　　その３.過失とは不注意のこと？

　日常の言葉としては、過失は不注意のことですが、裁判でいう過失は客観的な注意義務違反です。例えば、ＪＡの新入職員が印鑑照合手続きに不慣れであったため、手形上の印影と届出印鑑の違いを見過ごして手形を決済してしまったとします。このとき、新入職員が「自分は十分に注意していた」と主張しても意味がありません。この場合の注意義務は、「ＪＡの照合事務担当者に対して社会通念上一般に期待されている業務上相当の注意をもって慎重に行なうこと」を要求されるからです（最判昭和46・6・10民集25巻4号492頁）。

　このように、裁判でいう「過失」とは、個人の不注意といった主観的な注意義務違反ではなく、一般的には「損害発生の予見可能性があるにもかかわらず、これを回避する義務を怠った」という客観的な注意義務違反ということになります。

　したがって、予見可能性がなければ過失はあり得ませんし、たとえ予見可能性があったとしても、結果回避義務がなければ、過失とはなりません。

Q13 ▶ 常勤役員と非常勤役員で損害賠償責任の違いはありますか？

Answer

法律上、常勤役員と非常勤役員で損害賠償責任の違いはありません。

解説

1 農協法の定め

農協法は、「役員は、その任務を怠ったときは、組合に対し、これによって生じた損害を賠償する責任を負う」（農協法35条の6第1項）としています。ここでは、「常勤役員」と「非常勤役員」の区別をしていません。

したがって、法律上は、常勤役員と非常勤役員で損害賠償責任の違いはありません。

2 非常勤理事の任務

理事の任務については、**Q12**に記載したとおりですが、非常勤の場合には、理事の相互監視義務はないのでしょうか。

この点、判例は、取締役の第三者に対する責任について、「株式会社には常勤せず、その経営内容にも深く関与しないことを前提とする、いわゆる社外重役として名目的に取締役に就任したものであっても、同株式会社の代表取締役の業務執行を全く監視せず、取締役会を招集することを求めたり、又は自らそれを招集したりする

こともなく、同人の独断専行に任せ、その間、同人が代金支払の見込みもないのに商品を買い入れ、その代金を支払うことができずに売主に対し、代金相当額の損害を与えた場合には、右名目的取締役は、商法266条の3第1項前段所定の損害賠償責任がある」と判示しています（最判昭和55・3・18金融・商事判例620号3頁）。

つまり、非常勤の役員であっても、ＪＡの代表理事が独断専行な業務執行をしてＪＡの経営を危うくしているにもかかわらず、まったく監視をしていなかったような場合や監視が不十分だった場合には、責任を負うということもあり得ます。

Point

❶ 法律上は、常勤役員と非常勤役員で損害賠償責任の違いはない。

❷ 非常勤理事でも、他の理事の職務執行を監視する義務がある。

Q14 JAの役員は、JAに対して連帯責任を負いますか?

Answer

解説のとおり、一定の場合には連帯責任を負います。

解説

1 農協法における連帯責任

ある行為によって、JAや第三者に対して損害賠償責任を負うJAの役員が複数いる場合には、これらの役員は連帯債務者となります。農協法は「役員が組合又は第三者に生じた損害を賠償する責任を負う場合において、他の役員も当該損害を賠償する責任を負うときは、これらの者は、連帯債務者とする」と定めているからです（農協法35条の6第10項）。

これは、JAの役員だけに課せられた特別なものではなく、一般の株式会社でも役員の責任は連帯責任であり、役員は連帯債務者となります（会社法430条）。

2 連帯責任とは

複数の役員が、損害賠償を支払うという債務について、連帯債務者となります。連帯債務ですから、「債権者は、（略）すべての連帯債務者に対し、全部又は一部の履行を請求することができる」ことになります（民法432条）。

これをJAの役員からみた場合は、1人ひとりの役員が全額を支払う義務を負うことになりますから、資産を持っている役員が、JAまたは第三者から「取り立て」を受けることになります。

3 連帯責任を負う場合

不正な融資がなされてJAが損害を被った場合に、連帯責任を負うのは次の①から③の理事ということになり、1人ひとりの理事がJAに対して損害の全額を賠償する義務を負うことになります。
　①不正な融資に直接関与した理事
　②不正な融資が理事会の決議に基づき行われたときは、その決議に賛成した理事（農協法35条の6第2項）
　③不正な融資に対する監視義務を尽くさず、不正な融資を阻止できなかったことについて過失のある（相互監視義務に違反した）理事

4 理事会の決議に賛成した理事の責任

上記3②で「理事会の決議に賛成した」ということは、通常は、責任を追及する側で立証しなければなりません。しかし、理事会の議事録で「出席理事全員の賛成をもって可決承認された」等と記載があればよいのですが、単に「賛成多数で可決承認された」と記載があった場合には、どの理事が賛成したのかを後から立証するのは困難です。

そこで、この立証責任を転換するため、理事会に出席した理事については、「議事録に異議をとどめないものは、その決議に賛成したものと推定する」（農協法33条5項）とされています。

つまり、理事の側で「議事録に記載はないが、自分は反対した」

ということを立証しなければなりません。

> **Point**
>
> ❶ 複数の役員が組合または第三者に生じた損害を賠償する責任を負う場合は、連帯責任を負う。
> ❷ 連帯責任を負う場合、強制執行を受ける財産のある役員ほど、実際の経済的損失は大きい。
> ❸ 理事会の議事録に「反対した」という記載がないと、その理事は決議に賛成したものと推定される。

Q15 ▶ JAの役員は、JAの職員の行為についてまで責任を問われることがありますか？

Answer

JAの職員に対する管理・監督が不十分であったような場合には、JAの役員が責任を問われることがあります。

解説

1 職員に対する管理・監督

　JAの組合長が、JAの業務を執行する場合は、自ら業務執行をするほか、専務理事、常務理事に指示をして、その職務執行の補佐をさせます。専務理事、常務理事がJAの業務を執行する場合も同様に、自ら業務執行をするほか、理事（従業員兼務理事）に指示をして、その職務執行の補佐をさせます。また、同じように理事（従業員兼務理事）は、参事や部長に指示をして……という形でJAの業務がなされていきます。

　この場合、組合長は、専務理事、常務理事の職務遂行を直接管理・監督するだけでなく、専務理事、常務理事の部下に対する管理・監督が適切になされているかを監視します。

　そして同様に、上司は①直接の部下の職務遂行を直接管理・監督する責任、②部下のさらにその部下に対する管理・監督が適切かを監視する責任があります。

【図表1】それぞれの立場による管理・監督のイメージ

2　役員の職員に対する管理・監督義務

　このように考えると、組合長は、職員が不祥事を起こした場合にはすべて管理・監督義務を怠ったとして法的責任を負うのでしょうか。

　前述したように、ＪＡの役員が法的責任を負うのは、任務を怠ったことについて、「故意」「過失」があった場合です（Ｑ８参照）。例えば、**図表1**で、組合長は、専務理事や常務理事の部下に対する管理・監督が不適切であったのを知っていた場合（故意）や、組合長として注意をしていれば気付くことができた場合（過失）でなければ、法的責任を負いません。

3　内部統制システム（コンプライアンス態勢）の構築

　あるＪＡにおいて、内部統制システム（コンプライアンス態勢）の構築がなされておらず、職員の不祥事件が発生するべくして発生したような場合はどうでしょうか。

　ＪＡにおいて、適切な内部統制システムの構築を行うというのは、

ＪＡの理事会で決定すべき業務執行ですから、適切・十分な内部統制システムが構築されていなかった点について故意または過失があり、不祥事件の発生による損害と相当因果関係があれば、役員が責任を負います。

【図表２】不十分なコンプライアンス態勢とＪＡの損害のイメージ

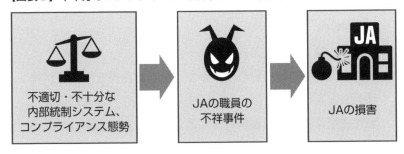

> **Point**
>
> **❶** ＪＡの役員には、①直接の部下の職務遂行を直接管理・監督する責任、②部下がさらにその部下に対する管理・監督が適切かを監視する責任がある。
>
> **❷** ＪＡの役員には、内部統制システムを構築する責任がある。
>
> **❸** これらの責任を果たさなかった場合は、ＪＡの職員の行為であったとしても、ＪＡの役員が法的責任を負うことがある。

Q16 JAの役員は、JAと競業する団体の活動に関与してはいけないのですか?

Answer

JAの役員には競業避止義務があります。JAにおいては、事業者の協同組織という性質から、その組合員たる役員が同種の事業を行うことはしばしば生じ得ますが、JAの役員の善管注意義務・忠実義務の1つとしてJAとの競業は避ける必要があります。

解説

1 農協法旧42条の削除

　農協法旧42条は、JAの行う事業と実質的に競争関係にある事業（競業）を営み、またはこれに従事する者（競業者）が当該JAの理事になることを禁止していました。これは、競業者がJAの役員に就任すると、競業を営む者の利益を図るためにJAの利益を害するおそれがあるからでした。

　他方、JAにおいては、事業者の協同組織という性質から、その組合員たる役員が同種の事業を行うことは当然に想定される事態です。同条は、理事の就任の制限を定めたものではなく、理事の競業避止義務を定めたものとされていましたが、誤解を招く表現でもあったので、現在は削除されています。

2 競業避止義務とは

農協法旧42条が削除されても、ＪＡの役員が競業避止義務を負うことは従前と変わりません。つまり、ＪＡの役員はＪＡの行う事業と実質的に競争関係のある事業を営んだり、従事したりしてはいけません。

ＪＡの行う事業というのは、定款上の目的に記載された事業すべてではなく、現にＪＡが行っている事業です。実質的に競争関係にある事業というのは、ＪＡの事業の対象者（仕入先、販売先等。潜在顧客を含む）が同一であって、その者が対象者と取引することによって、ＪＡの取引に不利益を与えるものをいいます。

「競争関係」とは、現に競争関係にある場合のほか、近い将来において競争関係に立つ蓋然性が高い場合をも含みます（東京地判平成19・9・20金融・商事判例1276号28頁等）。

3 競業避止義務の具体例

実際にはどのような場合が競業避止義務に違反することになるか、事例で検討しましょう。

〈事例〉

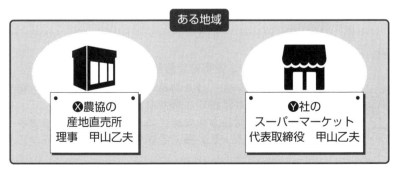

X農協は、ある地域でAコープを営業しており、生鮮野菜や精肉を販売している。同じ地域には、Y社が営業するスーパーマーケットがあり、同じく生鮮野菜や精肉を販売している。Y社の代表取締役は、X農協の理事である甲山乙夫である。

　このような場合、甲山乙夫がX農協で購買・販売事業を担当する理事であった場合にはどうなるでしょうか。

　例えば、Y社の生鮮野菜の仕入先に対して、「Y社には安く納品してほしい。その分、X農協のほうで高く納品してもらって構わない」という交渉をするようなおそれがありますし、この地域で地元の購買客の取り合いになってしまう可能性もあります。したがって、このような場合は、競業避止義務に違反し、甲山乙夫はそれによってJAが被った損害について賠償する責任を負います。

❶ JAの役員には、「競業避止義務」がある。
❷ 「競業避止義務」は、JAの役員がJAに対して負う善管注意義務、忠実義務から導かれる。
❸ JAの役員が、競業避止義務に違反して、JAに損害を及ぼしたときには、その損害を賠償する必要がある。

Q17 JAと役員の間の利益相反取引とは何ですか?

Answer

JAとJAの役員が契約の当事者となる取引です。JAに不利益な取引となる可能性があることから、農協法で規制されています。

解説

1 JAの役員の忠実義務

　農協法は、「理事は、(略)組合のため忠実にその職務を遂行しなければならない」(農協法35条の2第1項)と定め、監事につき、その規定を準用しています(同条の5第5項)。「組合のために忠実にその職務を遂行」する義務があるわけですから、JAの利益と自己の利益が相反する場合にはJAの利益を優先することが必要です。

　しかし、「JAの利益」＜「自己の利益」というのは、人間の性(さが)ですから、なかなかそのようにはいきません。そこで、法令上、JAとJAの役員の間の利益相反取引については一定の規制を設けています。

2 利益相反取引対する農協法の規制

　農協法35条の2第2項は、「理事は、次に掲げる場合には、理事会(略)において、当該取引につき重要な事実を開示し、その承認を受けなければならない」として、利益相反取引について定めを置いています。

①直接取引：理事が、自己または第三者のために、ＪＡと取引をしようとするとき
②間接取引：ＪＡが、理事の債務を保証すること、その他、理事以外の者との間においてＪＡと当該理事との利益が相反する取引をしようとするとき

　また、利益相反取引については、取引後の報告義務もあります（同条の２第４項）。

3　利益相反取引（①直接取引）の具体例

上記①直接取引の典型例は以下のような取引です。

これは、Ｘ農業協同組合を貸主、甲野乙郎を借主として、Ｘ農業協同組合が甲野乙郎に対して1,000万円を貸す金銭消費貸借契約をする場合で、甲野乙郎が、Ｘ農業協同組合の理事だったケースです。

また、以下のような取引も該当します。

これは、Ｘ農業協同組合を貸主、Ｙ株式会社を借主として、Ｘ農業協同組合がＹ株式会社に対して1,000万円を貸す金銭消費貸借契

約をする場合で、甲野乙郎が、X農業協同組合の代表権のない理事で、Y株式会社の代表取締役だったケースです。

このケースでは、Y株式会社は甲野乙郎が代表しますので、X農業協同組合側に利益相反取引の問題が生じます。

もし、甲野乙郎がX農業協同組合の代表理事であれば、Y株式会社側にも利益相反取引の問題が生じます。

他方、以下のような取引は利益相反に該当しません。

〈貸主〉
X農業協同組合
理事　甲野乙郎

〈借主〉
Y株式会社
取締役　甲野乙郎
（代表権はない取締役）

X農業協同組合を貸主、Y株式会社を借主として、X農業協同組合がY株式会社に対して1,000万円を貸す金銭消費貸借契約をする場合で、甲野乙郎がX農業協同組合の代表権のない理事であり、Y株式会社の取締役ですが代表権はないケースです。

このケースでは、甲野乙郎はY株式会社を代表しませんので、X農業協同組合側に利益相反取引の問題が生じません。もっとも、甲野乙郎に、X農業協同組合の理事として善管注意義務・忠実義務違反の問題は生じます。

4 利益相反取引（②間接取引）の具体例について

上記②間接取引の典型例は以下のような取引です。

　甲野乙郎が、Y株式会社から1,000万円を借りる金銭消費貸借契約をする際、X農業協同組合が保証人になる場合で、甲野乙郎がX農業協同組合の理事であるケースです。

5 利益相反取引に該当しない場合

　例えば、▲▲電鉄株式会社の取締役が、券売機で切符を買って、自分が取締役を務めている▲▲電鉄株式会社の「A駅→B駅」を乗車する場合を考えます。

　この場合も、理論上は、▲▲電鉄株式会社と当該取締役の間に、利益相反取引の問題は生じますが、当該取締役は運送約款どおりの運賃を支払い、何らの優遇を受けていませんし、▲▲電鉄株式会社からみた場合には、一般の顧客となんら変わりはありません。

　したがって、JAとその役員の間の取引であっても、普通取引約款による貯金契約や共済契約については、農協法35条の2により規制される利益相反取引に該当しません。

6 利益相反取引を承認した理事会における理事の責任

　利益相反取引自体は、理事会の承認があれば、農協法上は不可能ではありません。では、利益相反取引によって、ＪＡが損害を被った場合はどうなるのでしょうか。

　この場合は、利益相反取引を承認した理事会において、賛成した理事の責任が問題となります。この点について、会社法423条3項3号は、利益相反取引に関する取締役会の承認の決議に賛成した取締役については、その任務を怠ったものと推定するとしています。

　農協法は、会社法のこの規定を直接準用してはいませんが、理事会において、利益相反取引について異議を述べなかった理事は、責任を負う可能性が高いと思われます。

> **Point**
>
> 1. ＪＡとＪＡの役員の間の利益相反取引は農協法で規制されており、理事会の承認手続および理事会への事後報告が必要。
> 2. 利益相反取引には、直接取引だけではなく間接取引（ＪＡが、役員の債務を保証する等）も含まれる。
> 3. 利益相反取引によってＪＡが損害を被った場合、利益相反取引を承認する理事会に出席して異議を述べなかった理事は、責任を負う可能性が高くなる。

Q18 JAの役員がその地位を失うのはどのような場合ですか?

Answer

任期満了、委任契約の終了事由、辞任、解任等の場合があります。

解説

1 任期満了

JAとJAの役員の間の契約は、委任契約です。この場合、委任契約の有効期限が到来すれば任期満了となります。JAの役員の場合、「役員の任期は、3年以内において定款で定める」(農協法31条1項)のが原則です。したがって、再選されない限り任期満了で役員の地位を失います。

2 委任契約の終了事由

委任契約は、どちらか一方が死亡、破産した場合または受任者が成年被後見人になったような場合は、終了します(民法653条)。したがって、JAの役員が死亡、破産または成年被後見人になったような場合は、法定事由によって終了します。

3 辞任

委任契約の場合は、相互の信頼関係が契約の基礎になっています

ので、一方当事者であるＪＡの役員は、ＪＡに対して、いつでも「辞める」ということができます（民法651条１項）。このような場合は、辞任の意思表示が、法令や定款の定めるところによってＪＡ（通常は、代表理事）に到達した時点でその効力を生じます。

　ＪＡの役員が、ＪＡの不利益な時期に辞任したため、ＪＡに損害が発生したような場合には、ＪＡに対して損害賠償義務を負いますが（同条２項）、理事１名が辞任しても組織として業務に問題が生じないという体制を構築するのはＪＡとしても当然ですから、現実的に責任を追及されるのは稀でしょう。

　また、理事が辞任した場合に、ＪＡの定款で定めた理事の定数の下限の員数を欠くような場合には、新任理事が就任するまでその責を負います（残任義務。農協法39条１項）。

　ＪＡの役員が不祥事件を起こした場合、その役員は通常は、ＪＡからの解任ではなく辞任を選択しますが、辞任したこと自体についてＪＡから責任追及を受けることはほとんどありません。

4　解任

　ＪＡの役員からの辞任が自由であれば、ＪＡからの解任も自由です（民法651条１項）。ＪＡの総（代）会は、役員の選任権をもっていますので（農協法30条４項）、当然に役員の解任権ももっています。したがって、ＪＡの総（代）会は、その決議によりいつでも役員を解任できます。

　もっとも、理事の法令違反等、正当な理由がないのに解任した場合は、当該理事に対して解任によって生じた損害を賠償する義務を負います（民法651条２項）。通常、この場合の損害賠償は、任期満了までの役員報酬が上限となるでしょう。

　その他、組合員による役員の改選等請求の制度があります（農協

法38条)。

> **Point**
> ❶ JAとJAの間の契約関係は「委任契約」であるから、信頼関係がなくなった場合はいつでも契約解除が可能。
> ❷ JAの役員側からの委任契約の解除は「辞任」、JA側からの委任契約の解除は「解任」という。
> ❸ やむを得ない事由がないのに、委任契約を解除した場合は、相手方に対して損害賠償義務がある。
> ❹ JAの役員が不祥事件を理由に解任された場合、「やむを得ない事由」があるから、通常、JA側は損害賠償義務を負わない。

Q19 経営管理委員会設置の有無で、理事や監事の権限と責任に違いはありますか？

Answer

基本的には、理事や監事の権限や責任に違いはありません。理事は、経営管理委員会の決議を遵守する義務を負います。

解説

1 経営管理委員会

いわゆる住専問題を１つの契機として、ＪＡの業務の高度・複雑化に対応するため、意思決定・監督機能と業務執行機能を分離する形態の統治システム（ガバナンス）が、平成８年農政審議会の答申を踏まえて、同年の改正農協法で導入されました。株式会社における委員会設置会社と同様の考え方です。一定の農業協同組合連合会を除いて、ＪＡが経営管理委員会を設置するか否かは任意です（農協法30条の２第１項）。

経営管理委員会が設置された場合は、経営管理委員会が理事を選任し（同条の２第６項）、業務執行に関する重要事項を決定します（同法34条３項）。また、経営管理委員会は、代表理事の選任権も有しています（同法35条の３第１項）。

経営管理委員会を設置したＪＡにおいては、理事会の業務執行の決定権限は、経営管理委員会の決定に拘束されますから（同法32条４項）、経営管理委員会は理事会の上位機関となります。

【図表1】経営管理委員会設置JAにおける機関構成のイメージ

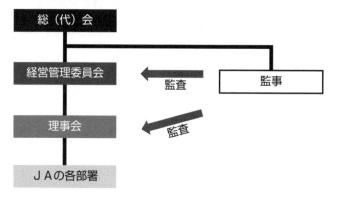

2　経営管理委員会設置組合における理事の権限

　経営管理委員会を設置したJAにおいても、具体的な業務執行の決定や理事の職務執行の監督は、理事会が行い、業務執行は代表理事、業務執行理事が行います。

　ただし、経営管理委員設置組合の理事会が組合の業務執行を決し、理事の職務の執行を監督するにあたっては、経営管理委員会が決定するところに従わなければならないとされているに過ぎません（農協法34条3項）。

　また、経営管理委員会設置組合の理事は、JAの常務に従事することが求められていますので、原則として兼職はできません（同法30条の5第1項）。

3　経営管理委員会設置組合における理事の責任

　経営管理委員会設置組合においては、理事会の業務執行の決定および理事の職務執行の監督が、経営管理委員会の決定の範囲内ということになります。

【図表２】経営管理委員会と理事会・理事の関係

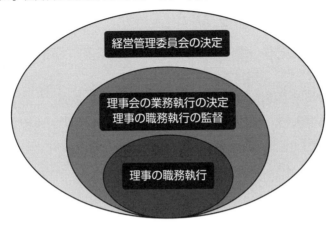

したがって、経営管理委員会の決定の範囲でしか、理事の職務執行はできないことになりますが、経営管理委員会の議決事項は、業務の基本方針・一定額以上の固定資産の取得または処分の承認・借入の最高限度額等、基本的な重要事項に限定されますので、理事の個々の業務執行や相互監視義務を直接制限することはほとんどないと思われます。ですから、経営管理委員会設置組合における理事の責任が、経営管理委員会が設置されていない組合における理事の責任に比べて軽くなるということは、ほとんどないといってよいでしょう。

> **Point**
> ■経営管理委員会設置組合と、非設置組合で、実際の理事の責任はほとんど変わらない。

Q20 組合員代表訴訟に対する対策はありますか?

Answer
役員賠償責任保険等がありますが、JAの役員としての善管注意義務、忠実義務に違反しないことが一番の対策です。

解説

組合員代表訴訟に対する対策

(1) JAによる訴訟提起

　組合員から訴訟提起の請求を受けた場合に、JA自らが、JAの役員に対して責任追及の訴えを提起することが考えられます。しかし、被告となるJAの役員の範囲が違う、損害賠償の金額が違うということになり、JAによる訴訟提起がなされたとしても、必ずしも組合員代表訴訟を阻止できるとは限りません。

(2) 担保提供請求（農協法41条、会社法847条の4）

　組合員代表訴訟を提起されたJAの役員は、応訴を余儀なくされます。組合員代表訴訟がそもそも不当な訴訟であれば、JAの役員は、応訴するために要した費用等につき、後に不法行為を理由として訴訟を提起した組合員に対し損害賠償請求をすることができます。
　農協法では、組合員による濫訴を防止するため、この将来の損害請求を担保するべく裁判所は、JAの役員の請求により、組合員に担保を提供するよう命じることができるという制度になっています。

そして、裁判所からこの命令が出されたにも関わらず、組合員がその担保を提供しない場合には、組合員代表訴訟は、内容の審理に入る前に却下されます。

　これが認められるのは、組合員が悪意により組合員代表訴訟を提起した場合に限られますが、ＪＡの役員は、組合員の悪意を疎明しなければなりません。

　疎明とは、「ある事実の存否について裁判所が確信を得た状態（＝証明）」まではいかないにしても、「ある事実の存否について裁判所が一応確からしい、という心証を得た状態」をいいます。

　では、悪意とは何でしょうか。

　株式会社の場合ですが、次のような裁判例があります。

　株主代表訴訟における悪意とは、株主たる地位に名を借りて不当な個人的な利益を追及し、あるいは、取締役に対する私怨を晴らすことを目的とするなどの場合のほか、株主の主張が十分な根拠を有しないため取締役の責任が認められる可能性が低く、株主がこのことを知りながらまたは通常人であれば容易にそのことを知り得たのにあえて代表訴訟を提起した場合とされています（名古屋高決平成７・３・８金融・商事判例1531号134頁）。つまり、悪意というためには、組合員に、ＪＡの役員を意図的に害する目的までは必要はないことになります。

　したがって、ＪＡの役員が、組合員代表訴訟を提起した組合員に対して担保提供請求を申立てすれば、一定の牽制効果はあります。

(3) 組合員の不当目的訴訟の主張（農協法41条、会社法847条1項ただし書き）

　組合員代表訴訟は、次の場合には提訴できず、組合代表訴訟は却下されます。

　①組合員や第三者の不正な利益を図る目的の場合

②JAに損害を加えることを目的とする場合

　株式会社における株主代表訴訟の例ですが、会社の利益の犠牲ないしは侵害のもとに、株主たる資格とは関係のない純然たる個人的な利益を追求する取引手段としてなされたときには、訴権の濫用として訴えを却下すべきものされた裁判例があります（長崎地判平成3・2・19判例時報1393号138頁）。

　しかし、通常は、不当目的とまでは認められないことが多い傾向にあり、正々堂々と、組合員代表訴訟で「過失はなかった」として主張するべきともいえます。

(4)会社役員賠償責任保険

　JAの非常勤役員の場合、相互監視義務について「過失」があるということになると、任務懈怠によりJAに損害を加えた役員と連帯責任を負います（農協法35条の6第10項）。

　そのリスクに備えるために、各損害保険会社は、保険商品として「会社役員賠償責任保険」（D＆O保険＝Directors' and Officers' Liability Insurance）を発売しています。本来であれば、役員個人が保険料を負担して加入する保険になるはずですが、通常、D＆O保険は、JAが保険契約者となるために利益相反の問題が生じますし、JAが負担した保険料については役員に対する報酬になるのではないかといった議論がなされています（注）。

　また、免責（＝保険が支払われない場合）事由として次の事項等が定められているのが通常です。

　①被保険者が私的な利益または便宜の供与を違法に得たこと
　②被保険者の犯罪行為
　③法令に違反することを被保険者が認識しながら行った行為（認識していたと判断できる合理的な理由がある場合を含む）

（注）　株式会社については、平成28年2月24日、通商産業省より、会社が会社

役員賠償責任保険の保険料を負担することに関する見解が公表されているが、ＪＡには直接該当するものではない。

(5)総（代）会の決議による一部免除

任務懈怠による責任が、善意（＝事情を知らないこと）かつ無重過失の場合は、総（代）会の決議によって、ＪＡの役員のＪＡに対する責任の一部を除いて、免除することができます（農協法35条の6第4項）。免除できない損害賠償の額は、役員の区分ごとに以下のとおりです。

　①代表理事………… 1年間の報酬等の総額×6
　②その他の理事…… 1年間の報酬等の総額×4
　③監事……………… 1年間の報酬等の総額×2

株式会社の場合は、非業務執行取締役等（監査役も含む）については、定款で定めることにより責任限定契約を締結することが可能です（会社法427条1項）。もっとも、農協法は、会社法の事前の責任限定契約の定めを準用していませんので、あくまで事後の総（代）会の決議の結果次第ということになります。

Point

❶ ＪＡの役員については、株式会社の非業務執行役員等を対象とした事前の責任限定契約の制度はない。

❷ ＪＡの役員が、組合員代表訴訟に備えるためには、会社役員賠償責任保険（Ｄ＆Ｏ保険）があるが、免責事項に注意が必要である。

Q21 JAの監事が、JAに対して任務懈怠による損害賠償責任を負った事例はありますか？

Answer

JAの監事が、JAに対して任務懈怠による損害賠償責任を負った判例があります（最判平成21・11・27金融・商事判例1342号22頁）。

解説

1 JAの監事の責任について

JAの監事は、「理事の職務の執行を監査する」ことが職務です（農協法35条の5第1項）。監事は、理事の業務執行が適法に行われているか否かを善管注意義務（民法644条）、忠実義務（農協法35条の5第5項、同条の2第1項）をもって監査すべき職務があります。

2 JAの監事が理事の職務執行を監査する方法について

農協法は、監事が理事の職務執行を監査するために、監事に対して、様々な権限を与えています。

①理事会への出席および意見陳述

監事は、理事会に出席し、必要があると認めるときは意見を述べなければならないとされています（農協法35条の5第5項、会社法383条1項）。これは、監事の権利でもあり、義務でもあります。

②理事会への報告義務

　監事は、理事が不正な行為をしている場合（そのおそれがある場合）等には、理事会に報告することを要します（農協法35条の5第3項）。

③理事会の招集請求権、招集権

　監事は、必要がある場合には、招集権者に理事会の招集を請求でき、一定期間理事会が招集されない場合には自ら招集することもできます（農協法35条の5第5項、会社法383条2項・3項）。

④差止請求権

　監事は、理事の不正行為により組合に著しい損害を生ずるおそれがある場合には、理事の行為の差止めを請求することもできます（農協法35条の5第5項、会社法385条）。

⑤報告徴収および調査権

　監事は、いつでも、理事や職員に対して事業の報告を求めることができます。また、ＪＡの業務および財産の状況の調査をすることができます（農協法35条の5第2項）。

3 事案について

(1) ＪＡの理事長の責任

　前述した事案における理事長の責任は、以下のとおりです。

　①理事長は、理事会において、公的な補助金の交付を受けることにより、ＪＡ自身の資金的負担のない形で、ＪＡの新施設の建設事業を進めることにつき承認を得た。

　②理事長は、その7ヵ月後に開催された理事会においては、補助金交付をＢ財団に働きかけたなどと虚偽の報告をしたうえ、その後も補助金の交付が受けられる見込みがないにもかかわらずこれがあるかのように装い続けた。

③理事長は、その10ヵ月後、理事会の承認の限度を超える額で、ＪＡに費用を負担させて用地を取得し、新施設の建設工事を進めた。

④結局、ＪＡは、知事から管理人による業務および財産管理の命令を受け、管理人が新規施設の建築事業を中止し、ＪＡは5,689万4,900円の損害を被った。

⑤このような理事長の一連の行為は、ＪＡに対する善管注意義務に反するものといえる。

(2) ＪＡの理事長の言動の疑問点

上記(1)の間の理事長の言動の疑問点は、以下のとおりです。

・理事長は、②の理事会において、補助金交付申請先につき、方向転換してＢ財団に働きかけたなどと述べ、それまでの説明には出ていなかった補助金の交付申請先に言及しながら、それ以上に補助金交付申請先や申請内容に関する具体的な説明をすることもなく、補助金の受領見込みについてあいまいな説明に終始した。

・理事長は、その後も、補助金が入らない限り、同事業には着手しない旨を繰り返し述べていたにもかかわらず、理事会において補助金が受領できる見込みを明らかにすることもなく、ＪＡ自身の資金の立替えによる用地取得を提案し、なし崩し的に新施設の建設工事を実施に移した。

・以上のような理事長の一連の言動は、理事長に明らかな善管注意義務違反があることをうかがわせるに十分なものである。

(3) ＪＡの監事の責任

監事の責任については、以下のとおりです。

・監事は、①の理事会の４ヵ月前にＪＡの監事に就任し、約２年間（③の理事会の直前まで）監事を務めた後、同日、ＪＡの理事と

なった。
- 監事はその間、理事長に対し、B財団への補助金交付申請の内容、補助金の受領見込額、その受領時期等に関する質問をしたり、資料の提出を求めたりしたことはなかった。
- 理事長に明らかな善管注意義務違反があることをうかがわせるのに十分な状況である以上、監事は、理事会に出席し、理事長の上記の説明では疑義があるとして、理事長に対し、補助金の交付申請内容やこれが受領できる見込みに関する資料の提出を求めるなど、新施設の建設資金の調達方法について調査、確認する義務があった。
- よって、監事には、任務懈怠により、ＪＡに対して損害賠償責任を負う。

(4) ＪＡにおける慣行について

また、ＪＡにおける慣行については以下のように判断されました。
- 当該ＪＡにおいては、代表理事が理事会の一任を取り付けて業務執行を決定し、他の理事らがかかる代表理事の業務執行に深く関与せず、また、監事も理事らの業務執行の監査を逐一行わないという慣行が存在していた。
- しかし、そのような慣行自体、適正なものとはいえないから、これによって監事の職責が軽減されるものではない。

4 ＪＡの役員が、ＪＡに対して任務懈怠による損害賠償責任を負ったその他の事案

(1) ＪＡの監事について

ＪＡの監事が、ＪＡに対して任務懈怠による損害賠償責任を負っ

た事例については、著者の知る限り、現時点（令和元年5月）で、前述のもののみと思われますが、ＪＡの監事が責任を問われたその他の事例もあります（最判平成21・3・31民集63巻3号472頁。合併契約に基づく責任の追及）。

(2) ＪＡの理事について

ＪＡの理事が、ＪＡに対して任務懈怠による損害賠償責任を負った事例については、鹿児島地裁平成20年11月12日判決（判例紙未掲載）、盛岡地裁平成19年7月27日判決（金融・商事判例1276号37頁）がありますが、いずれも、解散または吸収合併されたＪＡにおいて融資に関与した理事の責任が問われたもので、理事の相互監視義務による責任が問われたものではありません。

このように考えると、かなり極端な事例でなければ、ＪＡの役員が、ＪＡに対して任務懈怠による損害賠償責任を問われることはないと思われますから、過度に委縮する必要はないでしょう。

> **Point**
> ❶ ＪＡの監事であっても、理事長に明らかな善管注意義務違反があることをうかがわせるに十分な状況下で、何らの監査権限も行使しないような場合には、ＪＡに対し、任務懈怠による損害賠償責任を負うことがある。
> ❷ ＪＡの役員が、ＪＡに対して任務懈怠による損害賠償責任を負った事例はあるが、いずれもかなり極端な場合である。

Column その4.「被告」と「被告人」、「被疑者」と「被告人」

　よく混同されますが、「被告」は、民事裁判で訴えを起こされた人のことです。これに対して、「被告人」は、刑事裁判で、検察官から起訴された人のことです。また、「被疑者」は、捜査機関から「ある罪を犯したのではないか」と疑われ、捜査機関によって捜査の対象とされている人のことです。

　検察官は、起訴するかしないか決定する権限を有しており、有罪が確実であっても、「社会的制裁を受けている」、「本人が罪を認めて反省している」といった場合には、不起訴処分（起訴猶予）にします。

　ＪＡの不祥事件の場合、刑事事件について、事故者（不祥事件を起こした当事者）は捜査段階では「被疑者」となり、検察官により起訴された場合は「被告人」となります。

第 2 章

JA役員としての
コンプライアンス

　コンプライアンスには、法令等遵守という狭義、社会規範の遵守という広義、ＪＡ綱領に沿った取組みという最広義の意味があります。
　本章では、ＪＡの経営におけるコンプライアンスの意義、地域に根差した協同組織の役員として日頃から留意すべきルール、不祥事対応などについて理解を深めます。

Q22 コンプライアンスとは何ですか?

Answer
一般的には「法令等遵守」と訳されていますが、より広い意味があります。

解説

1 法令等遵守とは

理事は、法令・法令に基づいてする行政庁の処分・定款等および総会の決議を遵守しなければなりません(農協法35条の2第1項)。これは、「違反をしたら法的責任を負う」、つまり、刑事・民事・行政上のペナルティーによって担保された行為規範ということになります。法令等遵守はある意味当然のことですから、それができていても社会的に高い評価を受けるというものではない一方で、それができていなければ刑事・民事・行政上のペナルティーを受けます。

法令等の「等」には、法令に基づいてする行政庁の処分・定款等・総会の決議が入りますが、「定款等」には、ＪＡの各種規程が含まれますし、総会の決議だけではなく、理事であれば理事会の決議にも従わなくてはなりません。いわば、"他者からの命令・規律"に従う(＝comply)という他律的な行動です。

コンプライアンスにおいて、「法令等遵守」は狭義の意味になります。

2 社会規範の遵守

　情報化が発達して誰でもSNS（ソーシャルネットワーキングサービス）で情報を発信できる現在の社会においては、「法令等を遵守していれば何をしてもよい」ということにはなりません。地域社会の一構成員として、また、公共的存在としてのJAは、法令等ではなく、社会規範すなわち、社会の良識を遵守しなくてはなりません。社会規範は、法令等と異なり、その時代、地域、相手との関係性等によって様々です。

　例えば、昭和の時代においては、「駅のプラットホームでたばこを喫う」という行為は、社会規範に反するとまではいえなかったかもしれませんが、令和の時代においては、社会規範に反する行為として強い社会的批難を浴びます。

　社会規範とは何かについては、明確な定義がありませんから、自分で判断をせざるを得ません。したがって、他律的な行動というよりは、より自律的な行動になります。

　コンプライアンスにおいて、「社会規範遵守」は、「法令等遵守」よりも広義の意味になります。

3 JA綱領（＝経営理念）に沿った取組み

　法令等遵守、社会規範の遵守だけでは、JAが永続的に地域社会に受け入れられ、協同組織として価値を向上させていくことはできません。そのままで停滞すれば、やがて時代遅れのJAとなって淘汰されます。

　そこで、JAとしては、JA綱領（＝経営理念）に沿った取組みを積極的に行い、より発展していかなければなりません。

　このような積極的かつ自律的活動を、最も広い意味でのコンプラ

イアンスといいます。

【図表】狭義・広義・最広義のコンプライアンスのイメージ

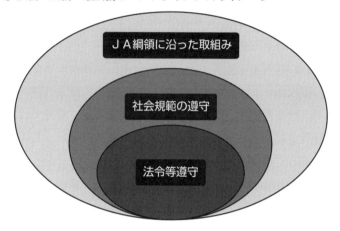

 Point

1 コンプライアンスとは、「法令等遵守」と訳されるが、それだけではない。

2 コンプライアンスには、①法令等遵守という狭義、②社会規範の遵守という広義、③JA綱領に沿った取組みといった最広義の意味がある。

Q23 JAの経営にとってコンプライアンスはなぜ重要なのですか?

Answer

JAの存立自体にかかわるからです。

解説

1 狭義のコンプライアンス(法令等遵守)違反がJAの経営に及ぼす影響

JAが、狭義のコンプライアンス(法令等遵守)に違反した場合を考えてみましょう。

員外利用規制を大幅に超える員外貸付や、反社会的勢力に対する迂回融資などの法令等違反を行って、さらには、当局の検査忌避も行ったJAがあったとします。

当然、このようなJAには、当局から業務改善命令や業務停止命令が発出されるでしょうし、それでも改善がなされなければ、解散命令によって解散ということになります(農協法95条の2、64条1項5号)。そこまでいかなくても、関与した役員の大幅な入れ替えや吸収合併による事実上の消滅等といった事態になります。また、組合員や地域社会の信用を失いますから、そのようなJAは徐々に経営体力(基盤)が弱くなって、最終的には存立自体が危うくなります。

❷ 広義のコンプライアンス（社会規範の遵守）違反がJAの経営に及ぼす影響

JAは、協同組織であり、貯金・共済事業を扱う公共的な存在です。「法令等を遵守してさえいれば、どのように稼いでもよい」という考え方に立った場合、短期的にはJAの収益が向上するでしょう。

例えば、平成28年～平成30年に、単身者向けのアパートを建築・販売する不動産業者と事実上一体となって、大量のアパートローンを比較的高金利で融資した金融機関があり、社会問題に発展しました。このような場合は、確かに、短期的には収益が上がりますが、そのビジネスモデルが社会の批判を受けて風評被害が広がれば、中期的にみて損失となります。

❸ 最広義のコンプライアンス（JA綱領に沿った活動）違反がJAの経営に及ぼす影響

JA綱領は、いずれも抽象的理念であり、JA綱領に沿った活動がなされなかったからといって、直ちにJAの経営に影響を及ぼすといったことはありません。

しかし、JA綱領は、国際協同組合同盟（ICA）の協同組合原則を踏まえて、JAが果たすべき社会的役割・使命と役職員の心構えなど、JAの組織理念を示したものです。したがって、JA綱領に沿った活動がなされないJAは、その社会的役割・使命を果たせないものとして、長期的には淘汰されていくことになります。

【図表】コンプライアンス違反の結末のイメージ

法令等の違反

・刑罰、損害賠償、行政処分という形で責任を負う。

社会規範からの逸脱

・社会的批難を浴びる。
・場合によっては、行政処分の対象にもなる。

JA綱領の無視

・持続的発展ができずに、時代遅れのJAとなる。
・長期的には、淘汰される。

Point

❶ コンプライアンス違反は、その違反の規模やレベルに応じて、JAの経営にダメージを与え、究極的にはJAの存立自体を危うくする。

❷ JAの存立自体が危うくなるからコンプライアンス違反をしないのではなく、コンプライアンスに沿った経営をするJAが社会から必要とされ、発展していく。

Q24 JAの役員が違法行為をした場合にはどうなるのでしょうか？

Answer

刑事上の責任、民事上の責任、行政上の責任のほか、社会的責任を負います（第1章Q2参照）。

解説

1 JAの業務に関連する違法行為と役員の法的責任

　JAの役員が、法令や定款等に違反して、反社会的勢力と知りつつ「風俗営業を行う建物の建築資金」を融資するという案件を決裁して、当該融資が実行されたとします。そして、その融資金が、実際には建築資金ではなく、反社会的勢力の活動資金に使われた結果、回収不能に陥り、JAには多額の損害が発生したとしましょう。

　この場合、当該役員は、刑事上の責任として、背任罪（刑法247条）に問われます。

　また、当該役員は、民事上の責任として、JAが被った損害について、JAに対して損害賠償責任を負います（農協法35条の6第1項）。

　さらには、当該JAが、この役員を解任しないような場合には、当局が役員の改選命令を発出することになり、行政上の責任を問われます。

2 JAの業務に関連する違法行為と役員の社会的責任

　前述の1のような場合で、JAの役員が背任罪で逮捕されれば、実名で報道される可能性が高く、その場合には、ほぼ永久的にインターネットでその報道記事や役員の実名が検索可能な状態に置かれますから、たとえ罪を償った後でも、社会復帰の障壁になります。

　この点について判例は、一定の場合にはインターネットの検索事業者に検索記事の削除を求めることができるとしていますが、「当該事実を公表されない法的利益が優越することが明らかな場合」として、厳しい要件を課しています（最決平成29・1・31民集71巻1号63頁）。

3 犯罪による損害賠償責任と破産法による免責

　個人が、多額の負債を背負って返済が不可能になった場合には、自己破産することが多く見受けられます。この場合には、「免責手続」により、負債については責任を免れることができます（破産法253条1項本文）。

　しかしながら、破産法は、「破産者が悪意で加えた不法行為に基づく損害賠償請求権」については、たとえ免責許可が確定したとしても免責されないとしています（破産法253条1項2号）。

　したがって、例えば、JAの金銭を横領して、JAに1,000万円の損害を与えた事故者（不祥事件の当事者）は、JAに対して、1,000万円の損害賠償責任を負いますが、「自己破産して免責を受けたからJAに対しては損害賠償しなくてもよい」ということにはなりません。

> **Point**
>
> ❶ JAの役員が違法行為をした場合は、組合員（取引先）からの連絡、内部監査、外部監査等で発覚し、責任の追及がなされる。
>
> ❷ 逮捕されていったん実名報道がなされると、その後長期間にわたってインターネット上で検索可能となる（*Column*その5参照）。
>
> ❸ 犯罪による損害賠償責任は、たとえ破産したとしても、免責の効果が及ばないため（破産法253条1項2号）、生涯をかけて債務を背負い続けることになる。

Column　その５.「忘れられる権利」について

　インターネット上で公開された個人情報は、あっという間に拡散されて、半永久的に消すことができません。
　刑事事件は、逮捕されたときに実名報道されるケースが多くあります。この場合、その情報が半永久的にインターネット上で公開されることになります。
　そこで日本でも「忘れられる権利」という考え方が主張されるようになりました。
　このような場合は、検索業者に対し、以下のことを求めることになります。
①記事等が掲載されたウェブサイトのＵＲＬの削除
②当該ウェブサイトの表題および抜粋について、検索結果から削除
　この点について判例（最決平成29・1・31民集71巻1号63頁）は、「忘れられる権利」という言葉は用いていませんが、一定の基準を示しています。
　判例の示した基準は、「検索サービスの役割」と「プライバシー」を比較して、「プライバシー」のほうが優越することが明らかな場合、というものです。
　事案の内容は、
①Ａ氏は、平成23年11月に児童買春の容疑で逮捕されて、実名報道された。その後、平成23年12月に罰金刑となった
②その後、Ａ氏は、妻子とともに生活をし、一定期間罪を犯すことなく、民間企業で稼働している
といったものでしたが、結果として最高裁判所は、記事や検索結果の削除を認めませんでした。
　実際には、記事や検索結果の削除が認められるには、かなりのハードルがあるといえそうです。

Q25 他の役員が違法行為をしていることを発見した場合にはどうしたらよいでしょうか?

Answer

個人的に解決するのではなく、JAの組織全体の問題として解決するようにします。当然のことながら、そのまま放置してはいけません。

解説

1 理事の相互監視義務

「理事会は、組合の業務執行を決し、理事の職務の執行を監督する」(農協法32条3項)とありますので、理事会の構成メンバーである理事も、他の理事の職務の執行について相応の注意を払う必要があり、これを相互監視義務といいます(第1章Q12参照)。

したがって、他の役員が違法行為をしているのを発見したにも関わらず、これをそのまま放置することは、相互監視義務に違反することになります。

2 組合長、コンプライアンス担当常務理事、監事との情報共有

JAには、規模にもよりますが①内部監査を担当する部署(内部監査部等)、②コンプライアンスを統括する部署(リスク統括部、コンプライアンス委員会等)、③監事の事務を担当する部署(監事

室）等があり、それぞれに担当役員がいます。例えば、内部監査部等の部署は、組合長が直轄し、コンプライアンスを統括するのは経営企画担当常務理事、監事室を担当するのは常勤監事といった具合です。

他の役員が違法行為をしているのを発見した場合、これらの役員に相談して、ＪＡの組織全体の問題として対応をします。

3 JAが組織として違法行為を隠蔽しようとした場合

あってはならないことですが、組合長自らが違法行為に関与している場合等においては、ＪＡが組織として隠蔽を図り、監事も組合長の依頼に応じて問題を表面化させないこともあります。このような場合は①中央会等の上部団体に相談する、②監督官庁に相談する、といったことも考えられます。

外部への相談については、役員としての守秘義務違反やＪＡの信用（名誉）毀損にあたる可能性が考えられますが、公益通報者保護法に準じて（注）、不正の利益を得る目的や他人に損害を加える目的、その他の不正の目的でなく、かつ違法行為が存在すると信ずるに足る相当の理由がある場合は、「正当な業務」（刑法35条）として違法性がないものとされ、民事上も故意・過失がないわけですから、損害賠償責任を負うものではありません。

このような場合、監督官庁等に相談する以外にも、報道機関等に違法行為を通報するということも考えられないわけではありません。

しかし、ＪＡの役員が、監督官庁等に相談せずにいきなり報道機関等に違法行為を通報することは、JAから正当な理由なく、「監督官庁等に通報しないように」と求められたような場合を除いて、免責されない可能性が高いと思われます（公益通報者保護法3条3号

参照)。

　もちろん、正当な理由なくSNS等で公表してもいけません。

(注)　公益通報者保護法の対象は、現時点(令和元年8月)では「労働者」のみ。

> **Point**
>
> ❶ JAの理事には、他の理事の職務執行を監視する「相互監視義務」がある。
> ❷ 他の役員が違法行為をしていることを発見した場合は、JAの組織の問題として対応しなければならない。
> ❸ JAが組織として違法行為を隠蔽しようとしている場合には、監督官庁等に相談する。

Q26 ▶ 他の役員の背任行為を阻止するためにはどうしたらよいでしょうか?

Answer

Q25の方法によるほか、理事会招集請求権を行使して、当該理事会を通じて阻止をする方法があります。

解説

1 理事の理事会招集権とは

理事会の招集権は、原則として各理事がもっていますが、定款または理事会で招集権者を定めた場合は、その理事が招集権をもちます。通常は「組合長が招集する」と定款で定めてありますので、理事会の招集権者は組合長ということになり、他の理事は理事会の招集権はありません。

しかし、理事は、組合長に対し、理事会の目的である事項を示して、理事会の招集を請求することができます。この場合、組合長が一定の期間内に理事会を招集しなければ、その理事自らが理事会の招集を請求することができます（農協法33条6項、会社法366条3項）。

2 理事会での阻止方法

背任行為があるまたは背任行為はない、といった争いになった場

合、刑事事件では検察官側に立証責任があり、民事事件では、原則として原告側に立証責任があります。

つまり、責任の追及をする側に、立証責任があるということになります。したがって、単なる噂や、気に入らないという感情では、背任行為を阻止することはできません。背任行為が存在すると信ずるに足る相当の理由が必要になります。

具体的には、関係者複数人の証言がある、不正な経理処理がなされた伝票類等の証拠書類があるなどです。仮に、「背任行為」と完全に立証できなくても、背任が強く疑われるような行為はＪＡの役員として不適切な行為であることがほとんどですから、その旨を理事会で説明して阻止を狙います。

また、監事は、理事会に出席し、必要があると認めるときは、意見を述べなければなりませんので（農協法35条の5第5項、会社法383条1項）、理事会に出席し、意見を述べます。

理事会の決議は、「議決に加わることができる理事の過半数が出席し、その過半数をもって行う」ことになりますが（農協法33条1項）、この一票は常勤理事でも非常勤理事でも同じですから、事前に出席者とその賛否の予測（票読み）を行います。

なお、背任行為または不適切な行為について責任を問われる理事は、通常は特別利害関係人ですから、議決に加わることはできません（同条2項）。

3 理事会で阻止できなかった場合の方法

前記2の方法でも阻止できなかった場合には、監事が味方についてくれるのであればその監事に依頼して、「業務執行差止請求権」を行使してもらうという方法もあります（農協法35条の5第5項、会社法385条1項）。

もっとも、ここまで到達する前に、外部監査や当局検査等で問題が表面化することがほとんどでしょう。

> **Point**
> 1 各理事には、理事会の招集権がある。
> 2 理事会には、理事の職務の執行を監督する権限がある。
> 3 監事は、理事会への出席権および業務執行差止請求権がある。
> 4 上記1から3の権利を駆使して、ほかの役員の背任行為を阻止する。

Q27 役員が不正経理や不正融資に加担した場合、どのような責任が問われますか?

Answer

刑事上は「共犯」として、民事上は「連帯」して、責任を問われます。

解説

1 刑事上の責任

役員が不正経理や不正融資に加担した場合は、加担の態様によって、3つのパターンがあります。
①共同して犯罪を実行した場合:「共同正犯」(刑法60条)
②教唆して犯罪を実行させた場合:「教唆犯」(刑法61条)
③正犯を幇助した場合:「従犯」(刑法62条1項)
①共同正犯、②教唆犯は、単独の犯行と同じ刑罰が科されます。
③従犯は、減刑されますが(刑法63条)、刑罰が科されることに変わりはありません。

2 民事上の責任

「役員が組合又は第三者に生じた損害を賠償する責任を負う場合において、他の役員も当該損害を賠償する責任を負うときは、これらの者は、連帯債務者とする」(農協法35条の6第10項)とされて

いますから、不正経理や不正融資に加担した役員は、全員が連帯責任を負います。不正経理や不正融資に直接加担していなくてもこの連帯責任を負い、理事の相互監視義務に違反した理事についても同様です（第1章Q14参照）。

> **Point**
> ❶ 刑事上の責任：刑法には、共犯という概念があり、共犯には「共同正犯」「教唆犯」「従犯」の3種類がある。
> ❷ 民事上の責任：損害賠償責任については、関与した役員全員が連帯責任を負う。

Q28 JAの役員が、他の役員の不正行為を認識したにもかかわらず、理事会に報告しないとどうなりますか?

Answer

理事会への報告義務違反の責任を問われます。

解説

1 理事会への報告義務

(1)理事

理事には、相互監視義務(第1章Q12参照)がありますから、理事会において必要な事項を報告しないということは、理事の一般的な善管注意義務・忠実義務に違反することになります。

理事会への報告事項には、「内部統制(コンプライアンス・プログラムを含む)およびリスク管理にかかる取組状況」や「内部監査の結果」があります(模範定款62条4号・7号)。

(2)監事

監事には、理事の不正行為等があると認めるときには、理事会への報告義務があります(農協法35条の5第3項)。

2 不正行為への加担

　他の役員の不正行為について、それを認識しつつ「理事会で必要な事項を報告しない」ということは、「不正行為を隠蔽した」ということですから、不正行為への加担があったものとして責任を問われる可能性が高くなります。他の役員が、相互監視義務について「過失がなかった」として責任を免れることができたとしても、他の役員の不正行為について、それを認識しつつ理事会で必要な事項を報告しなかった役員は責任を免れることはできません。

　この場合における損害賠償責任は、「連帯責任」となりますので、不正行為をした役員と同じ損害賠償義務を負うことになります。

> **Point**
> ❶ ＪＡの役員が、他の役員の不正行為を認識した場合には、理事会への報告義務がある。
> ❷ 理事会への報告義務を怠った場合には、不正行為に加担したとして、責任の追及を受ける可能性が高くなる。

Q29 JAの役員には、どのような守秘義務がありますか？

Answer

JAの組合員、取引先の情報とJAの営業上の情報を守る義務があります。

解説

1 JAの組合員、取引先の情報

JAには、組合員や取引先の様々な情報が集まります。組合員や取引先についての、JAとの取引内容、住所、生年月日、電話番号、メールアドレス、家族構成、勤務先、収入、その他生活状況等の情報です。

普段の生活において、他人に開示するような情報ではない情報について、組合員や取引先がJAに開示してくれるのは、①JAとの取引上必要な情報である、②JAはみだりに外部に漏らすことはないだろうという信頼関係がある、といったような理由があるからです。

この点、判例では「金融機関は、顧客との間で顧客情報について個別の守秘義務契約を締結していない場合であっても、契約上（黙示のものを含む）又は商慣習あるいは信義則上、顧客情報につき一般的に守秘義務を負い、みだりにそれを外部に漏らすことは許されないと解されている」（最決平成19・12・11民集61巻9号3364頁）とされていますが、これはJAにも当てはまります。

したがって、JAの役員が、組合員や取引先の情報を正当な理由

なく外部に漏らした場合には、ＪＡが守秘義務違反の責任を問われ、漏らした役員についても責任を問われます。

なお、具体的な取引の内容や個人情報ではなくても、「ＪＡと取引がある」という情報自体も守秘義務の対象になります。例えば、取引先の債権者から見た場合、「債務者がＪＡと取引がある」ということがわかれば、ＪＡの貯金を差押えするかもしれません。

ＳＮＳ等での情報発信には、充分な注意が必要といえます。

2 ＪＡの営業上の情報

ＪＡの役員であれば、理事会や監査の過程で、ＪＡの営業秘密を知ることも多いと思いますが、営業秘密を漏えいした場合には、民事上の責任だけではなく、刑事上の責任を負う可能性も否定できません。

営業秘密とは、「秘密として管理されている生産方法、販売方法その他の事業活動に有用な技術上又は営業上の情報であって、公然と知られていないもの」（不正競争防止法２条６項）ですから、要件は以下の３つです。

①秘密として管理されている情報である
②事業活動に有用な営業上の情報である
③公然と知られていない情報である

ＪＡの役員として知った情報であれば、通常は上記①～③を満たします。

このような営業秘密を、不正の利益を得る目的等で取得して、開示したような場合には、営業秘密不正取得罪（同法21条１項１号）、営業秘密不正取得後開示罪（同項２号）により責任を問われます。

「うっかり営業秘密を漏らしてしまった」というような場合には、刑事上の責任は問われないかもしれませんが、民事上の責任は問わ

れます。また、営業秘密には該当しなくても、ＪＡの営業上の情報はそれが公知の事実ではない限り、ＪＡの役員が漏えいしてよいものではありません。

　このような守秘義務は、ＪＡの役員が負う善管注意義務、忠実義務に含まれる義務の１つです。

> **Point**
>
> ❶ ＪＡが負う守秘義務は、道義的な義務ではなく法的義務。
> ❷ ❶に基づき、ＪＡの役員も、ＪＡに対する善管注意義務、忠実義務の１つとして、守秘義務を負う。
> ❸ 守秘義務の主な対象としては、「ＪＡの組合員、取引先の情報」と「ＪＡの営業上の情報」の２つがある。

Q30 JAの広報誌に「収穫祭」等の写真を載せる場合、組合員の顔写真が写っていますが、本人の同意は必要ですか?

Answer

通常の場合、本人の同意は不要ですが、いくつか注意点があります。

解説

1 個人情報保護法における「個人情報」とは

個人情報保護法における「個人情報」とは、以下のように定義されています（個人情報保護法2条1項1号）。

①生存する個人に関する情報

②①であって、当該情報に含まれる氏名、生年月日その他の記述等により特定の個人を識別することができるもの（他の情報と容易に照合することができ、それにより特定の個人を識別することができることとなるものを含む）

②には、写真も含みますので、ＪＡの広報誌やホームページに載せた写真で特定の組合員が識別できる場合は、通常は、「個人情報」になります。

2 個人情報保護法における「個人データ」とは

個人情報保護法において、第三者提供について、あらかじめ本人の同意が必要（個人情報保護法23条1項）となる対象は、「個人情報」ではなく、「個人データ」です。

個人情報保護法における「個人データ」とは、「個人情報データベース等を構成する個人情報」を指します（同法2条6項）。そして個人情報データベース等とは、「特定の個人情報を容易に検索することができるように体系的に構成したもの」とされています（同条4項）。

3 広報誌やホームページ上の写真で特定の組合員が識別できる場合

(1)本人の同意の要否

JAが、行事で撮影された写真等をそのまま保存するような場合は、通常、特定の個人情報を容易に検索できるように体系的に構成したものとはいえません。このような場合、その写真等は「個人データ」には該当しません。したがって、JAが、その写真等を営業店の店舗に展示したり、ホームページや広報誌に掲載したり、関係者に提供したりしても、あらかじめ本人の同意を求める必要はないということになります。

(2)注意点

しかし、その写真は組合員の「個人情報」です。したがって、利用目的の公表（個人情報保護法18条）をして、その範囲内での利用をすることが必要（同法16条）ということになります。

4 プライバシー権との関係

　ＪＡの行事において、組合員が「ＪＡの撮影担当者に写真を撮られている」と認識している状況下で写真を撮影された場合、通常その写真については、ＪＡの広報誌やホームページで公表されることについては、組合員から「プライバシー権の主張はしない」という黙示の了解を得ているといえるでしょう。

　しかし、一般常識において、被写体がその公開を望まないであろう写真は、本人の了解なく公開すれば、プライバシー権の侵害となります。

　その判断は、写真を撮影したときの状況、写真撮影者と写真の被写体の関係、撮影された写真の内容等によってすることになります。

> **Point**
>
> ❶ 個人情報保護法は、「個人情報」と「個人データ」を区別してそれぞれ規制をしている。
>
> ❷ ＪＡの行事等で撮影された写真は、「個人情報」ではあるが、通常は「個人データ」ではなく、ＪＡの広報誌やホームページ等で公表することについて、あらかじめ本人の同意は不要。
>
> ❸ しかし、「個人情報」としての規制は適用範囲があるため、利用目的の公表等をしておく必要があるほか、プライバシー権にも一定の配慮が必要。

Q31 ▶ 理事会で話題になった事項について、家族や同地区の親しい住民であれば話をしてもよいでしょうか？

Answer

　ＪＡの役員として知った情報については、原則として守秘義務の対象ですから、家族や同地区の親しい住民であっても話をしてはいけません。

解説

1　ＪＡの役員として知った情報

　ＪＡは、地域の協同組織という性質上、ＪＡの役員は、組合員や地域住民とは極めて近い距離にあります。そのため、近所の噂話や世間話という形でも様々な情報が入ってきます。

　そのうち、完全にプライベートで得た情報であればＪＡの役員としての守秘義務の範囲外です。しかし、相手が「ＪＡの役員だから」という前提で開示した情報については、ＪＡの役員としての守秘義務の対象ということになります。

　ＪＡの役員として知った情報であって、守秘義務の対象にならないのは、主に、以下の５つの情報です。

　①情報の開示を受けたときにすでに自分がもっていた情報
　②情報の開示を受けたあとに、ＪＡ役員の立場とは関係なく、かつ第三者から守秘義務を負うことなく正当に開示を受けた情報
　③情報の開示を受けたあとに、ＪＡの役員の立場とは関係なく、自らが入手した情報

④情報の開示をうけたときにすでに公知であった情報

⑤情報の開示を受けたあとに自己の責によらず公知となった情報

したがって、これ以外の情報については、守秘義務の対象になります。

また、上記の①〜⑤の例外については、「例外である」ということの立証責任はJAの役員側が負います。

2 守秘義務違反の具体的判断

JAの役員として守秘義務の対象になるのは、主に、①JAに関する情報、②JAの組合員・取引先に関する情報です。

(1) JAに関する情報

JAに関する情報としては、次のような場合が考えられます。

あるJAが、本店を移転する計画を立てたとしましょう。もし、その情報が漏れれば、本店の移転予定地の近隣の土地については地価の値上がりを見込んだ事前の土地買収が起きるかもしれません。

また、JAの役員は、JAの決算の内容についても事前に知ることができます。公表前にJAの決算の内容が漏れれば、決算が「良い」「悪い」に関わらず、地域においては、いろいろな風評を呼び起こすことになります。

このような経営に関する情報は、JAにとって「機密情報」ともいえるものですから、JAの役員としては、気軽に話してよいものではありません。

(2) JAの組合員・取引先に関する情報

組合員が、子息のためにJAの教育ローンを申し込んだとします。教育ローンの申込書類の中に、地元の私立大学の記載があったの

で、ＪＡの役員は、組合員の子息がその私立大学を志望していることを知りました。３月になって、実際に教育ローンが実行されて、入学金の支払いがなされたため、ＪＡの役員は、組合員の子息がその私立大学に合格して入学したことを知りました。

　このような場合であっても、ＪＡの役員は家族や同地区の親しい住民に「組合員の子息が地元の私立大学に合格した」ということを話してはいけません。

　もっとも、地元の新聞の合格発表欄に、組合員の子息の名前の記載があったというような場合は上記１の⑤の例外に該当します。しかし、最近は、個人情報保護の観点からそのようなことも少なくなっているはずです。

　このほか、組合員の「冠婚葬祭」や「離婚」等にかかる事項にも注意が必要です。一般的に、組合員またはその家族について、「成人式を迎えた」「結婚した」「逝去した」「法事を行う」といった冠婚葬祭の事実や「離婚した」「再婚した」等の事実は、地区では広く知られていることが多いのも事実です。

　しかし、ＪＡの役員としては、そのような事実をみだりに家族や同地区の親しい住民に話すことは、慎重である必要があります。ＪＡの役員から聞いた話であれば、単なる「噂」ではなく「事実」として、ＳＮＳ等で一気に情報が拡散される可能性もあります。

> **Point**
> ❶ ＪＡの役員として知った情報であれば、守秘義務の対象となる。
> ❷ 本人から情報の開示を受けた場合であっても、それが完全にプライベートで得た情報といえない限りは、原則として、守秘義務の対象となる。

Column その6. プライバシー権とは？

　よく、「プライバシー権」といわれますが、どの法令に定められている権利でしょうか。

　実は、プライバシー権を定めた法令は、民法、個人情報保護法を含めてありません。

　では、プライバシー権は、何を根拠に認められるかというと、憲法13条の「幸福追求権」の1つとして認められているのです（最大判昭和44・12・24刑集23巻12号1625頁他判例多数）。

　つまり、判例は「個人のプライバシーに属する事実をみだりに公表されない利益は、法的保護の対象となる」として、プライバシー権を侵害した場合には、不法行為の成立（民法709条）による損害賠償を認めています（その他、公開の差し止めもあり）。

　最近では、予約が必要な高級料理店の中には、「〇月〇日の夜は、テレビの取材が入ります。テレビに映る可能性があることについてあらかじめご了解のうえ、ご予約・ご来店ください」と告知をする店もあります。

Q32 JAの役員が他の会社の役員や従業員になることはできますか?

Answer

常勤の理事については、職務専念義務があり、兼職・兼業は原則としてできません。非常勤の理事は、競業避止義務（第1章Q16参照）に反しない限り、兼業・兼職は可能です。

解説

1 常勤理事

平成13年の農協法改正により、高度・複雑化の進む信用事業の健全性を確保するために、信用事業を行うJAには、最低3人の常勤理事を置くことが必要になりました。

この3名の常勤理事は、次のような役割です（農協法30条3項）。
①信用事業を担当する専任の常勤理事
②信用事業以外の事業を担当する常勤理事
③統括的な常勤理事（代表理事）

2 常勤理事等の職務専念義務

信用事業を行うJAの代表理事、経営管理委員設置組合の理事、JAの常務に従事する役員（経営管理委員を除く）には、職務専念義務があり、法令で定められた例外を除いて、他の法人（組合を含む）の職務に従事したり、事業を営んだりすることはできません（農協法30条の5第1項）。

兼職が例外的に認められているのは、農業界・農協系統の意思反

映に必要不可欠なもので、非常勤を原則としています（農協法施行規則79条1項各号）。

　例えば、「農業を営む場合」でも、他に当該農業に常時従事している者がいる場合に限られます（同項1号ル）。

> **Point**
>
> **❶** ＪＡの役員の兼職・兼業規制は、常務に従事しているか否かで異なる。
>
> **❷** 非常勤の理事や監事は、ＪＡの常務に従事しているわけではないため、兼職・兼業は可能。
>
> **❸** 非常勤の理事や監事であっても、ＪＡの役員としてＪＡに競業避止義務を負っているため、その義務に反するような事業に従事したり、営んだりしてはいけない。

Q33 ▶ JAの役員が職員にパワハラ、セクハラ等の行為をした場合、どうなるのでしょうか?

Answer
JAが、安全配慮義務違反を問われます。JAの役員は、刑事上の責任、民事上の責任を負うほか、役員を解任されることもあります。

解説

1 パワー・ハラスメント

パワー・ハラスメント（パワハラ）とは、以下のように定義されるのが一般的です。

・同じ職場で働く者に対して、
・職務上の地位や人間関係などの職場内での優位性を背景に、
・業務の適正な範囲を超えて、
・精神的・身体的苦痛を与えるまたは職場環境を悪化させる行為

JAの役員は、JAの職員に対して、職場内で優位性があるのが通常です。一般に指導や叱責は、それを受ける側からすれば精神的苦痛がありますが、業務の適正な範囲であれば、パワハラにはなりません。

2 セクシュアル・ハラスメント

セクシュアル・ハラスメント（セクハラ）とは、以下のように定

義されるのが一般的です。
- 職場において行われる、
- 労働者の意に反する性的な言動に対する労働者の対応により、
- 労働条件について不利益を受けたり、性的な言動により就業環境が害されること

ここでいう「職場」には、出張先や取引先の接待の場所等も含みますし、勤務時間外の宴会であっても、参加者、場所によって職務の延長といえるような場合（職場のほとんどが参加し、毎年恒例の行事になっている等）であれば「職場」に含まれます。

3 JAの責任

JAは、JAの職員に対して、労働契約上「安全配慮義務」を負っています。

この点、労働契約法5条は、「使用者は、労働契約に伴い、労働者がその生命、身体等の安全を確保しつつ労働することができるよう、必要な配慮をするものとする」としています。

また、男女雇用機会均等法11条は、セクハラのない就業環境を整備することについては、「事業主」の義務としていますし、パワハラについても、令和元年5月29日に改正労働施策総合推進法（注）が成立し、セクハラと同じく、パワハラのない就業環境を整備することについて「事業主」の義務となりました。

したがって、被害者からは、労働契約上の安全配慮義務違反であるという理由で、債務不履行責任（民法415条）を問われることになります。

（注） いわゆるパワハラ防止法。労働施策の総合的な推進並びに労働者の雇用の安定及び職業生活の充実等に関する法律

4 パワハラをしたJA役員の責任

(1)刑事上の責任について

　刑事上の責任としては、暴行罪・傷害罪・脅迫罪・強要罪・名誉毀損罪・侮辱罪などに問われる可能性があります。「お前のような無能な奴は死ね」「ぶっ殺してやる」という暴言を職員に吐いた場合、脅迫罪が成立する可能性があります。

　従前は、立証の問題があり、なかなか刑事事件化しませんでしたが、今では小型かつ高性能の録音機もあり、証拠化は容易です。

　また、このような暴言を吐くハラッサー（ハラスメントをする人）は、何度も同じような暴言を吐くので、被害者が弁護士に相談した場合は、まず「録音」等の証拠の保全を指示されます。

(2)民事上の責任

　民事上の責任としては、パワハラの被害者からの損害賠償請求訴訟（民法709条）を受けることになります。また、パワハラの被害者が、うつ病等になってしまったような場合で、JAが労働契約に基づく「安全配慮義務違反」を問われてその損害を賠償せざるを得なかった場合は、その損害については、JAから求償されることになります。

5 セクハラをしたJA役員の責任

(1)刑事上の責任

　刑事上の責任としては、暴行罪・強制わいせつ罪・準強制わいせつ罪、強制性交等罪・準強制性交等罪などに問われる可能性があり

ます。

　特に、相手がお酒に酔って、心神喪失もしくは抗拒不能になった場合に、これに乗じてわいせつな行為（接吻を含む）をすれば、「準強制わいせつ罪」が成立します。「準」といっても、法定刑はわいせつ罪と同じ（6ヵ月以上10年以下の懲役）ですし、この場合は、「同意の有無」は関係ありません。

(2)民事上の責任

　民事上の責任は、パワハラと同様です。

6 JA役員のその他の責任

　パワハラやセクハラがニュースになれば、JAの役員としては大きな社会的制裁を受けるのは必至ですし、JAの役員を解任されることもあります。JAの役員には、職員と異なり、就業規則に基づく懲戒解雇はありませんが、解任される可能性はあります（農協法38条1項・2項・3項ただし書き）。

　また、禁固刑以上の刑に処せられた場合は、JAの役員としての地位を失います（同法30条の4第1項4号）。

> **Point**
> ❶ 職場でパワハラやセクハラがあった場合は、JAが労働契約上の安全配慮義務違反を問われる。
> ❷ パワハラやセクハラをしたJA役員にも、刑事上の責任、民事上の責任の追及がなされる。

Column　　　その7.パワハラ、セクハラの裁判の実態

　従前は、パワハラ、セクハラがあったとしても、「証拠」がなく、立証が極めて困難でした。

　弁護士として、労働者から「上司に暴言を吐かれた」「上司に卑猥な言動をされた」と相談された場合、最初に考えるのは「証拠の有無」です。証拠がなければ、結局「言った」「言わない」の話となりますから、立証責任を負っている労働者側が負けてしまいます。したがって、パワハラ、セクハラは、泣き寝入りせざるを得ない場合が多くありました。

　しかし、現在は、録音機が小型化・高性能化・低価格化しており、パワハラの証拠を集めることは容易になっています。また、電子メール、ＳＮＳでのやり取りによって、セクハラの証拠を集めるのも容易になりました。宴会でのセクハラについても、スマートフォンの写真、録画撮影機能を使えば、すぐに証拠化できます。

　原告側の弁護士が裁判で証拠に提出するのは、「一番、違法性の強い」録音等ですから、話の流れとは関係なく、その部分だけが証拠として提出されることになります。同じことは、離婚の訴え（民法770条）における「配偶者に不貞な行為があったとき」（同条1項1号）の立証にもいえます。実際の裁判を担当する弁護士として、時代の変化を感じます。

Q34 孫に「JAの定期貯金キャンペーンでもらえるノベルティがほしい」とねだられていますが、少しならもらっても問題はないでしょうか？

Answer

原則として、少しでもあってもノベルティをもらってはいけません。

解説

1 ノベルティとは

JAが、定期貯金キャンペーンで配布するノベルティは、景品表示法にいう「総付景品」とよばれており、ノベルティの価格等は射幸心を煽らないように景品表示法の規制を受けます。総付景品とは、「商品又は役務の購入者や来店者に対してもれなく提供する景品類」をいいます。

2 ノベルティを「もらった」場合の問題

(1) 刑事上の責任

ノベルティをその管理者（JAの営業所の所長等）の同意を得ずに持ち出せば、これは少額であっても「窃盗罪」ということになります。

ノベルティの管理者の同意を得て「もらった」としても、今度は、ノベルティの管理者に「業務上横領罪」または「背任罪」が成立して、自分はその「教唆犯」ということになります。

(2)民事上の責任

　ノベルティの価格の分、ＪＡに「損害」を与えたということになり、損害賠償責任を負うことになります。

3　キャンペーン終了後に余ってしまったノベルティ

　それでは、キャンペーン終了後に余ってしまったノベルティであればどうでしょうか。
　この場合、主に以下の場合が考えられます。
　①次のキャンペーンで同じノベルティを使用するために、保管しておく
　②本部（ノベルティを管理している部署）に返却するルールになっている
　③営業所で廃棄処分するルールになっている
　④特段のルールはなく、営業所の倉庫等に放置のまま
　⑤特段のルールはなく、ノベルティの管理者が、職員や組合員の希望者に配布する慣習になっている
　①と②の場合には、そのルールに従う必要があります。③と④の場合は、ノベルティがすでに「財物」ではなく、「廃棄物」という前提で、ノベルティの管理者の同意を得て「もらった」のであれば、常識の範囲内として事実上の問題は少ないものと思われます。⑤の場合も、ＪＡの役員として、他の希望者よりも優先してノベルティをもらうのは問題ですが、余っているようであれば、常識の範囲内として事実上の問題は少ないものと思われます。

ただし、インターネットの転売サイトで転売する、大量にもらう等の行為は、ＪＡの役員として「常識の範囲外」ですからしてはいけません。

> **Point**
> ❶ ＪＡの役員としての地位や立場を利用して、ＪＡの定期貯金キャンペーンのノベルティをもらってはならない。
> ❷ 定期貯金キャンペーンのノベルティがほしいという場合は、一般の貯金者と同じくノベルティの対象となる定期貯金を行うのが原則。

Q35 家族が融資を望んでいますが、何かよい方法はないでしょうか?

Answer

JAの融資規則に従って、一般の組合員と同じ融資審査を経る必要があります。JAの役員として「口利き」をしてはいけません。

解説

1 JAとJA役員の家族間の取引

JAとJA役員の間の取引、例えば、JAがJAの役員に対して融資を行うという場合は、利益相反取引ということになり、農協法において一定の規制がなされています（第1章Q17参照）。

しかし、JAとJA役員の家族間の取引、例えば、JAがJAの役員の家族に対して融資を行うという場合には、迂回融資ではない限り、利益相反取引には該当しません。

2 情実融資

情実融資とは、おおむね「JA役員の家族という理由で、一般の融資審査の基準とは別のより緩い基準で融資審査が行われて、融資が実行されること」をいいます。

平成13年に農協法が改正され、信用事業を担当する専任の理事を1人以上置くことになりましたが、その趣旨の1つに、いわゆる情実貸付の弊害を排除するというものがあります（「平成13年農協法改正法の附則・検討条項に係る検討結果」平成20年7月11日農林水

産省）。当局としても、情実融資に対しては厳しい監督の目を向けています。

3 情実融資をした場合の責任

(1) 情実融資をしたＪＡの審査担当職員または理事の責任

　情実融資をした場合、ＪＡの審査担当職員または理事は、背任罪（刑法247条）に該当します。背任罪は「他人のためにその事務を処理する者が、自己若しくは第三者の利益を図り又は本人に損害を加える目的で、その任務に背く行為をし、本人に財産上の損害を加えたとき」に成立します。この場合、「ＪＡのために融資審査事務を処理するＪＡの役職員が、ＪＡの役員の家族の利益を図る目的で、その任務に背く行為をし、ＪＡに財産上の損害を加えたとき」に該当するからです。

　「財産上の損害」とは、「経済的見地において本人の財産状態を評価」します（最決昭和58・5・24刑集37巻4号437頁）。情実融資の場合、その貸付金は「一般の貸付金よりも弁済される確率が低い」ということになりますので、融資を実行した時点で「ＪＡに財産上の損害を加えた」ことになり、背任罪の既遂が成立します。したがって、情実融資をした貸付金が、たまたま全額弁済されたとしても、背任罪の成立に影響を及ぼすものではありません。

(2) 情実融資を依頼したＪＡの役員の責任

　情実融資を依頼したＪＡの役員は、背任罪（刑法247条）の共同正犯または教唆犯になります。背任罪は「他人のためにその事務を処理する者」に成立する犯罪（身分犯）です。融資審査を担当していないＪＡの役員は、「ＪＡのために融資審査事務を処理する者」

に該当しません（非身分者）。

しかし、ＪＡのために融資審査事務を処理する者ではなくとも、犯罪行為に「加功したとき」は、共犯になります（同法65条１項）。

4 関連当事者取引

関連当事者取引とは、ＪＡと「ＪＡの役員、その近親者（二親等内の親族）、それらの人が所有している会社等」の取引のことを指します。

関連当事者取引は会計監査において問題となる取引で、利益相反取引や情実融資とは必ずしも直結するものでありません。しかし、ＪＡが監査法人の監査を受ける場合には、問題となる可能性があります。なぜなら、ＪＡと関連当事者との取引は、関連当事者にＪＡの利益が流れたり、関連当事者を利用してＪＡの利益が操作されたりするおそれがあるからです。したがって、会計監査においては、それがＪＡとして合理的なものでない限り解消することを求められることがあります。

関連関係者取引がＪＡとして「合理的」か否かは、ＪＡにとって必要な取引か否かではなく、ＪＡの組合員の利益にも適っているか否かで判断されます。その判断となる具体的な基準としては、特に次の２点が挙げられます。

・ＪＡがその取引を行う事業上の必要性
・ＪＡと関連当事者との取引条件の妥当性

また、それだけでなく、ＪＡと関連当事者との取引の開示の適切性も判断の基準として含まれます。

関連当事者取引については、利益相反取引や情実融資につながりやすいので、注意が必要です。農林中央金庫の「ガバナンス基本方針」においても、第５条（関連当事者との取引）で「当金庫は、経

営管理委員および理事と当金庫の取引や、当金庫と当金庫グループ会社との取引により、当金庫経営の健全性が損なわれることを防止し、出資者である会員の利益を害することがないよう、適切な手続を定めて管理する」と定めています。

5 刑事上の責任以外の責任

　情実融資によってＪＡに損害が生じた場合は、民事上の責任として損害賠償責任が生じますし、行政上の責任として、当該ＪＡに対して、当局からは、業務改善命令等がなされる可能性もあります。

　また、当該ＪＡが「不適切な融資の件について（お詫び）」等として対外的に公表をした場合には、当然のことながら、当該ＪＡの役員は社会的責任を問われることになり、多くの場合は辞任となります。

6 ＪＡの審査担当職員または理事の「忖度」について

　ＪＡの役員から、ＪＡの審査担当職員または理事に対して、情実融資の依頼をしていなくても、「ＪＡの役員の家族だから」ということで、ＪＡの審査担当職員または理事が「忖度」をして、情実融資をしてしまうこともあります。この場合、ＪＡの役員は、必ずしも刑事上、民事上の責任を負うものではありませんが「ＪＡの役員の家族に対して、融資審査の基準に満たないのに融資がなされた」という事実が発覚した場合には、社会的責任を負う可能性があります。

　また、ＪＡの役員側が「自分がなにもいわなくても、自分の家族だから情実融資をしてくれるだろう」という気持ちがあった場合に

は、民事上の責任を負うこともあります。

Point

① JAとJA役員の家族間の取引について、JAの役員が、JAの審査担当職員または理事「口利き」をすることは、その行為自体が、JA役員としての善管注意義務、忠実義務違反になる。

② 「口利き」をしたJAの役員は、情実融資の依頼者ということになり、背任罪にも問われかねない。

③ たとえJAの役員の家族であっても、一般の融資審査と同じ基準で融資審査をしてもらうことが重要。

Q36 ▶ JAが行う設備投資を知人の企業に委託したいと思いますが問題はありますか?

Answer

　JAの規程等に従って、発注する業者を決める必要があります。

解説

1　競争入札

　JAが事業実施主体として、事業を業者に発注する場合、発注業者の決め方については様々な方法があります。

　①一般競争入札：入札情報を、JAのホームページ等で公告して入札参加者を募り、条件を満たした者すべてについて入札資格を認めて、競争に付して契約者を決める方式
　②指名競争入札：JA側があらかじめ指名（指定）した者に入札資格を認めて、競争に付して契約者を決める方式
　③随意契約：JAが入札によらず、相対で契約者を決める方式。この場合でも、複数業者から「見積書」を取ることが多いと思われる

2　JAの規程等

　JAが事業実施主体として、事業を業者に発注する方法について

は、各JAにおいて規程があります。

また、「地域特産作物体制強化促進事業」等、国の補助事業である場合には、国の定めた公募要領に定める方法により発注する業者を決める必要があります。

3 JAの規程等に反した発注

実際に問題となるのは、以下のような場合です。
① 競争入札をしなければならないのに、随意契約で発注した
② 競争入札において、あらかじめ落札企業や落札価格を決めた

①②のいずれについても、関与したJAの役員は背任罪に問われますし、JAが被った損害については、損害賠償責任を負います。②については、さらに、独占禁止法違反、偽計業務妨害罪の問題が生じます。

独占禁止法3条は、「事業者は、私的独占又は不当な取引制限をしてはならない」としていますが、競争入札において、あらかじめ落札企業や落札価格を決めるというのは、「不当な取引制限」に該当しますから、JAが公正取引委員会による排除措置命令を受けるほか、関与したJAの役員は、同条に違反したとして、刑事上の責任を問われます（独占禁止法89条1項1号）。

また、入札業務を、談合という「偽計」を用いて妨害したわけですから、「偽計業務妨害罪」（刑法233条）にも問われかねません。

4 具体的事案

実際に公表または報道された以下のような事案があります。

(1) 背任罪で逮捕された事案

〔概要〕

ＪＡが、ＪＡの倉庫の解体工事を発注する際に「複数の業者から見積もりをとった」などと虚偽の申告をする一方で、実際は業者一社からしか見積もりを取らず、本来よりも高い金額で業者に工事を発注して、ＪＡに損害を与えた、という疑いがもたれた事案。

本事案では、ＪＡの前組合長や関与した職員が背任罪で逮捕されました。

背任罪（刑法247条）は、ＪＡのためにその事務を処理する者が、自己もしくは第三者の利益を図る等目的で、その任務に背く行為をし、ＪＡに財産上の損害を加えることによって、成立します。

したがって、ＪＡの規程等に反して、縁故企業に「高値」で受注させた場合には、背任罪が成立する可能性があります。

(2) 独占禁止法に基づき公正取引委員会から排除命令を受けた事案

〔概要〕

経済農業協同組合連合会が、特定共乾施設工事について、施主であるＪＡの施主代行者として、工事の円滑な施工、管理料の確実な収受等を図るため、受注予定者を指定するとともに、受注予定者が受注できるように入札参加者に入札すべき価格を指示し、当該価格で入札させていた。

本事案では、独占禁止法3条の規定に違反する行為であるとして、同法7条2項の規定に基づき、同連合会が公正取引委員会より排除措置命令を受けたほか、施主であるＪＡも、工事発注等に係る適正

な入札の実施を徹底することについて、申入れを受けました。

独占禁止法3条は、「事業者は、私的独占又は不当な取引制限をしてはならない」としています。

本事案は、公正取引委員会によって、同連合会の行為が「私的独占」に該当すると判断されたものです。

- JAの役員として、JAが事業実施主体として発注する事業について、「縁故企業に受注させたい」という軽い気持ちが、その後、コンプライアンス違反として重大な問題に発展することがある。

Q37 組合員資格のない地区外居住者の知人から、虚偽の住所で組合員名簿を作成したうえで融資をしてほしいと言われました。応じた場合はどのような罪に問われますか?

Answer

単に員外利用規制の潜脱になるだけではなく、刑事上の責任、民事上の責任、行政上の責任を問われます。

解説

1 員外利用規制

組合が行う事業は、本来組合員の利用に供することを第一とするものですから、組合員以外の利用は、定款で定めたうえで、組合員の利用に差し支えない一定の限度内に限り認められています(農協法10条17項)。

資金の貸付け(同条1項2号)については、「組合員への貸付け」と「組合員外への貸付け」について、下記の計算式による規制があります(同条17項、農協法施行令2条1号)。

〔計算式〕 $\dfrac{\text{組合員外への貸付け}}{\text{組合員への貸付け}} \leq \dfrac{25}{100}$

ただし、指定組合は、下記の計算式によります（農協法10条18項、農協法施行令3条）。

〔計算式〕 $\dfrac{組合員外への貸付け}{貯金・定期積金の合計額} \leq \dfrac{15}{100}$

質問の場合では、員外利用をせずに、あえて組合員として融資を受けようというのですから、その融資が組合の事業の範囲外という可能性もあります。

2 組合員資格

ＪＡの組合員たる資格については、定款で定められており、「農業を営む個人であって、その住所又はその経営に係る土地又は施設がこの組合の地区内にあるもの」等となっています（模範定款12条2項各号）。

また、准組合員たる資格についても、原則として、住所または勤務地がＪＡの地区内にあることが必要です（模範定款12条3項各号）。理事は、法定事項を記載した組合員名簿を作成しなければなりません（農協法27条）。

3 刑事上の責任

では、本来であれば組合員の資格がないのに、虚偽の住所で組合員名簿を作成して、ＪＡから融資をうけた場合は、どうなるのでしょうか。

(1) ＪＡの役員の責任

ＪＡの役員は、いかなる名義をもってするかを問わず、ＪＡの事

業の範囲外において、貸付けをしてはならず、違反すると刑事上の責任を負います（農協法99条1項）。

また、「ＪＡの事業の範囲」であったとしても、後述(2)のとおり、詐欺罪の共犯に問われる可能性や背任罪に問われる可能性があります。

(2)融資を受けた者の責任

質問のようにして融資をうけた者は、詐欺罪に問われる可能性があります。判例は「約款で暴力団員からの貯金の新規預入申込みを拒絶する旨定めている銀行の担当者に暴力団員であるのに暴力団員でないことを表明、確約して口座開設等を申し込み、通帳等の交付を受けた行為が、詐欺罪に当たる」としています（最決平成26・4・7刑集68巻4号715頁）。

つまり、「暴力団員であれば口座開設はしなかった」という前提がある場合「暴力団員ではない」とＪＡをだまして貯金口座を開設した場合には、ＪＡからお金をだまし取っていなくても、「口座開設をした」というだけで詐欺罪の成立を認めています。

これと同様に考えると、「非組合員であれば融資はしなかった」という前提がある場合、「組合員である」とＪＡをだまして融資を受けた場合には、詐欺罪に問われる可能性があります。

この場合、ＪＡの役員は、詐欺罪の共犯か背任罪に問われるでしょう。

4 民事上の責任

員外規制を量的にオーバーした融資であっても、融資自体は、ＪＡと借主の間の金銭消費貸借契約ですから、私法上の効力が無効になるものではありません。

しかし、判例として、ＪＡが組合員以外の者に対し、組合の目的事業とまったく関係のない土建業の人夫賃の支払いのため金員を貸し付けた場合においては、当該貸付は組合の目的の範囲内に属しないとして、貸付けを無効（その結果、保証契約、抵当権設定契約も無効）としたものがあります（最判昭和41・4・26民集20巻4号849頁）。

　したがって、質問のような場合、融資の目的（資金使途）によっては、貸付けが無効になって、ＪＡが損害を被る可能性があります。

　その場合には、ＪＡの役員は、ＪＡが被った損害を賠償しなければなりません（農協法35条の6第1項）。

5 行政上の責任

　理事が組合員名簿に虚偽の記載をした場合には、行政上の責任として50万円以下の過料に問われますし（農協法101条1項14号）、そのＪＡには業務改善命令等の行政処分がなされることになります。

Point

❶ ＪＡは「農業者の協同組織」（農協法1条）であるから、ＪＡの役員が、組合員資格のない者を組合員として組合員名簿に記載して、ＪＡのサービスの提供を受けさせるということは、刑事上、民事上、行政上の責任を問われる。

❷ 員外貸付がＪＡの目的の範囲に属しない場合には、貸付自体が無効になることがある。

Q38 暴力団員から因縁をつけられ、融資するように脅迫されています。どうしたらよいでしょうか?

Answer

絶対に融資に応じてはいけません。JAのコンプライアンス担当の理事へ相談のうえ、反社会的勢力には、JAの役員としてではなく組織としてJAが対応すべきです。あわせて、警察、暴力追放運動推進センター、弁護士等の外部専門家に相談します。

解説

1 反社会的勢力の排除

JAにおいては、反社会的勢力への対応について基本方針を定めています。また、例えば全国農業協同組合連合会「反社会的勢力への対応基本方針」(平成23年9月27日)には、以下のように定められています。

本会は、社会の秩序や安全に脅威を与える反社会的勢力に対しては、以下のとおり、確固たる信念をもって、断固とした姿勢で臨むため、「反社会的勢力への対応基本方針」を定めます。

1. 組織としての対応

反社会的勢力に対しては、組織全体としての対応を図るとともに、反社会的勢力に対する職員の安全を確保します。

2. 外部専門機関との連携

平素から、警察、暴力追放運動推進センター、弁護士等の外部の

専門機関と緊密な連携関係を構築します。
3．取引を含めた関係遮断
　反社会的勢力とは、取引関係を含めて、一切の関係を遮断します。また、反社会的勢力による不当要求は拒絶します。
4．有事における民事と刑事の法的対応
　反社会的勢力による不当要求に対しては、民事と刑事の両面からの法的対応を行うこととし、あらゆる民事上の法的対抗手段を講じるとともに、積極的に被害届を出すなど、刑事事件化も躊躇しません。
5．裏取引や資金提供の禁止
　反社会的勢力による不当要求が、事業活動上の不祥事や従業員の不祥事を理由とするものであっても、事案を隠蔽するための裏取引や資金提供は絶対に行いません。

2　反社会的勢力に「弱み」を握られた場合の対応

　上記の基本方針5にあるとおり、事案を隠蔽するための裏取引や資金提供は絶対に行ってはいけません。いったん応じてしまうと「骨の髄までしゃぶられる」ことになりますし、事態の悪化を招くことになります。また、事業活動上の不祥事ではなく、私生活上の不祥事（飲酒運転、異性関係、借金問題、ギャンブル等）を理由に脅されたとしても同じです。

　筆者の、実際に事件を担当する弁護士としての経験ではありますが、反社会的勢力は「金にならない」案件に固執するようなことはしません。したがって、不祥事を理由に反社会的勢力から脅された場合は、自らその不祥事を「公表」してしまったほうが、最終的な被害は軽くなるでしょう。

3 反社会的勢力の「脅し」に屈した場合の結果

(1) JAの役員の責任

　JAの役員が、反社会的勢力の「脅し」に屈して、裏取引や資金提供に応じた場合は、その役員は、「被害者」ではなく、JAに対する「加害者」となります。

　反社会的勢力への資金提供につながりますから、逮捕（身柄事件）および実名報道される可能性が高く、刑事責任を負うだけではなく、大きな社会的代償を支払うことになります。もちろん、「脅し」の理由となった不祥事も明るみにでます。

(2) JAの責任

　JAの役員が、反社会的勢力の「脅し」に屈して、裏取引や資金提供に応じた場合は、JAは、行政上の責任および社会的責任を負います。

　金融機関の実例として、過去に、あるメガバンクは、提携ローンに関連して業務改善命令を受けています。

　これは、メガバンクの提携ローンにおいて、多数の反社会的勢力との取引が存在することを把握してから2年以上も、反社会的勢力との取引の防止・解消のための抜本的な対応を行っていなかったこと、反社会的勢力との取引が多数存在するという情報も担当役員止まりとなっていることなど、経営管理態勢、内部管理態勢、法令等遵守態勢に重大な問題点が認められたことによるものです。そして、その後も大きな社会的批難に晒されました。

　JAにおいても、当然に同じことがいえます。JAの融資先が、融資の実行後に反社会的勢力であったことが判明した場合は、直ちに期限の利益を喪失させたうえで、取引の解消が求められている時

代です。

　したがって、ＪＡの役員が、反社会的勢力の「脅し」に屈して融資してしまった場合の責任は計り知れないものがあります。なぜなら、この場合は、融資前から、融資先が反社会的勢力であることについてＪＡの役員が知っているにもかかわらず、融資を実行したことになるからです。絶対にこのような「脅し」に屈してはいけません。

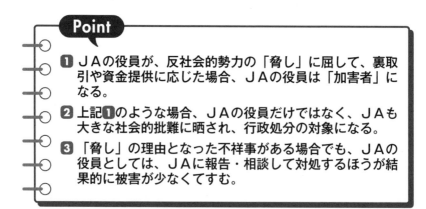

Point
1. ＪＡの役員が、反社会的勢力の「脅し」に屈して、裏取引や資金提供に応じた場合、ＪＡの役員は「加害者」になる。
2. 上記1のような場合、ＪＡの役員だけではなく、ＪＡも大きな社会的批難に晒され、行政処分の対象になる。
3. 「脅し」の理由となった不祥事がある場合でも、ＪＡの役員としては、ＪＡに報告・相談して対処するほうが結果的に被害が少なくてすむ。

Q39 マネー・ローンダリング、テロ資金供与対策とは何ですか?

Answer

マネー・ローンダリングは、違法な収益による"汚れた"お金を、"綺麗な"お金に洗濯することです。

テロ資金供与は、テロ行為に使用されるお金の提供や収集のことです。

JAとして、マネー・ローンダリング、テロ資金供与を防止することは、喫緊の課題です。

解説

1 マネー・ローンダリング対策とは

マネー・ローンダリングとは「犯罪により得た違法な収益の出所を隠し、所有者がわからないようにして、捜査機関による収益の発見、犯罪の検挙を免れようとすること」をいいます。

JAとして、これを防ぐのが、マネー・ローンダリング対策です。略称として、アンチ・マネー・ローンダリング(Anti Money Laundering)の頭文字をとって、「AML」といいます。

2 マネー・ローンダリングの手法について

マネー・ローンダリングの手法は、導入(Placement)、分別(Layering)、統合(Integration)の三つに大別されます。

わかりやすく例えると、衣類の洗濯と同じです。

(1)犯罪収益の「導入」(Placement)

犯罪収益を金融システム（預貯金等）へ導入します。汚れた衣類を、洗濯機に入れるイメージです。

(2)犯罪収益の「分別」(Layering)

現金の出処を、複数の金融機関との取引を通じて、犯罪活動という大元から切り離します。汚れた衣類が入った洗濯機に、洗剤を投入して、洗濯機を回して衣服を綺麗にするイメージです。

例：①不動産事業者への「貸付け」として送金する。
②その不動産事業者は、実際に不動産を購入する。
③購入した不動産を善意の第三者（反社会的勢力ではない）に売却する。
④売却代金を、不動産事業者が引き出して「現金化」する。
※①〜④のような行為を繰り返して、元を辿れないようにしていく。

(3)犯罪収益の「統合」(Integration)

違法行為によって得た資金と合法的に得た資金を統合して、所有権について合法的な根拠をもたせます。または、(2)で「分別」した資金を再度まとめて、合法的手段で入手したかのように表の世界へ戻します。洗濯の終わった綺麗な衣類を、洗濯機から取り出して、また着るイメージです。

【図表】マネー・ロンダリングのイメージ

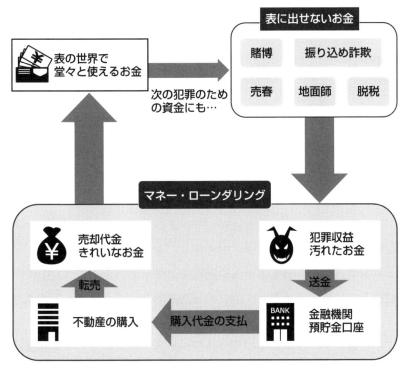

（出所）警察庁刑事局組織犯罪対策部「マネー・ローンダリング対策のための事業者による顧客管理の在り方に関する懇談会」（第1回配布資料、平成22年2月5日）より作成

3 テロ資金供与対策とは

　テロ資金供与とは、「一定のテロ行為（ハイジャック、爆弾テロ等既存のテロ防止関連条約上の犯罪および他のテロ目的の殺傷行為）に使用されることを意図してまたは知りながら行われる資金の提供および収集」です。JAとして、これを防ぐのが、テロ資金供与対策です。

　略称として、カウンター・ファイナンシング・オブ・テロリズム

(Counter Financing of Terrorism)の頭文字をとって、「CFT」といいます。

4 JAにおける対策について

　反社会的勢力は、対策が遅れている金融機関を狙ってマネー・ローンダリングやテロ資金供与を行います。JAの各店舗で海外送金や海外からの入金を取り扱うことは稀ですから、JAとしては、国内におけるマネー・ローンダリング対策やテロ資金供与対策が重要といえます。

　金融庁は、平成30年2月6日に「マネー・ローンダリング及びテロ資金供与対策に関するガイドライン」を策定しました。同ガイドラインでは、以下の2点を各金融機関に求めていますので、JAの役員としては同ガイドラインに沿った対応をする必要があります。
　① 犯罪収益移転防止法に基づく取引時確認等の措置
　② ガイドラインに基づくリスクベース・アプローチ等を的確に実施するための措置や態勢整備

　JAにおいては特に、営業店窓口等の「第一線」における貯金口座開設時の対面確認が重要であるといえるでしょう。

> **Point**
> ❶ マネー・ローンダリング（資金洗浄）の仕組みは、衣類の洗濯と同じ。
> ❷ 金融庁が、「マネー・ローンダリング及びテロ資金供与対策に関するガイドライン」を策定している。
> ❸ JAでは、犯罪収益の受け口となる貯金口座の開設を阻止することが重要。

Q40 休日に飲酒運転をして警察に検挙されました。逮捕はされていませんが、JAの役員として、JAに報告する必要はありますか？

Answer

直ちにJAに報告をすべきです。

解説

1 飲酒運転

身体に保有するアルコールの程度が、「血液1ミリリットル中0.3ミリグラムまたは呼気1リットル中0.15ミリグラム」以上で自動車を運転した場合は、「酒気帯び運転」となり（道路交通法施行令44条の3）、3年以下の懲役または50万円以下の罰金に処されます（道路交通法117条の2の2第3号）。

また、アルコールの影響により正常な運転ができないおそれがある状態で自動車を運転した場合は、「酒酔い運転」となり、5年以下の懲役または50万円以下の罰金に処されます（同法117条の2第1号）。

行政上の処分としては、運転免許の取消しおよび欠格期間〇年、といった処分がなされることになります。

2 私生活上の不祥事とJAへの報告義務

　JAの役員は、従業員としての地位を有する理事（従業員兼務理事）が従業員として懲戒処分を受ける場合を除いて、就業規則による懲戒処分を受けるものではありません。しかし、JAに役員規程等があれば、当該役員規程の適用があります。飲酒運転は、それが私生活上の不祥事であっても、重大なコンプライアンス違反ですから、JAの役員としての資質に重大な疑義を生ぜしめることになります。

　また、あとで「JAの役員が飲酒運転で検挙された」ということが、明るみにでた場合は、JAが社会的批難の対象にもなります。

　したがって、役員規程等でJAに対する報告義務が課されていない場合であっても、飲酒運転で検挙された場合には、直ちにJAに報告して、その処分を待つべきです。

Point

❶ JAの役員の不祥事はそれが私生活上のものであったとしても、コンプライアンス違反となる。

❷ JAの役員としての資質に重大な疑義を生ぜしめるものであれば、私生活上の不祥事であってもJAに報告をすべきものであり、「飲酒運転で検挙された」というのは、直ちにJAに報告をすべき不祥事である。

Column　その8.酒酔い運転と酒気帯び運転の違いと自転車の場合

　酒酔い運転は、身体に保有するアルコールの程度とは関係なく、「アルコールの影響により正常な運転ができないおそれがある状態」で成立しますから、お酒に弱い人の場合は、基準値以下でも酒酔い運転になります。

　自転車の場合は、酒気帯び運転についても禁止はされていますが、罰則はありません。しかし、酒酔い運転の場合は、自転車の場合でも自動車と同じく罰則があります。もっとも、酒酔い運転の検査としては、「まっすぐに歩けるか」「視覚、聴覚が正常に機能しているか（警察官とのやり取りが正常でできるか）」といった方法によります。

　「まっすぐに歩けない」ような場合は、通常は自転車に乗れませんので、あまり検挙の事例はありませんが、平成30年9月には基準値の6倍ものアルコールを身体に保有した状態で自転車を運転していた人が逮捕されています。ＪＡの行事（忘年会、懇親会、送別会）等で、お酒を飲んでの帰宅途中、最寄り駅から自宅まで自転車で帰る場合には、自転車を押して帰るようにしなければなりません。

Q41 知人の貯金金利のみを過度に優遇した場合には、どのような罪に問われますか?

Answer
背任罪に問われます。

解説

1 貯金金利の優遇

　貯金金利の優遇は、多くのJAで行っています。例えば、大口定期貯金の金利優遇です。

　定期貯金の獲得、管理、更新、払戻しには、それぞれコストがかかりますが、そのコストは100万円の定期貯金でも1億円の定期貯金でもそれほど大きく変わることはありませんから、大口貯金者の貯金金利を優遇することには経済的合理性があります。

　また、農業者の定期貯金の金利を優遇することや退職金運用目的の定期貯金の金利を優遇するといったことについても、JAが農業者の協同組織であることから、その施策目的には合理性があります。

　JAの役員として、一般の組合員または利用者と同様の条件で貯金金利の優遇をうけることについては、コンプライアンス上、特段の問題はありません。

2 知人の貯金金利のみを優遇した場合

　質問には、「知人の貯金金利を過度に優遇した場合」とありますが、ＪＡの役員として問題なのは、「過度に優遇」したか否かといった程度の問題ではありません。問題なのは、ＪＡの役員の「知人」であるという理由で貯金金利を優遇したという、その理由（動機）です。これは当然に、ＪＡの役員としての善管注意義務、忠実義務に違反します。

　また、背任罪は、「他人のためにその事務を処理する者が、自己若しくは第三者の利益を図り又は本人に損害を加える目的で、その任務に背く行為をし、本人に財産上の損害を加えたとき」に成立します。

　質問の場合をこれに当てはめると、「ＪＡのために貯金事務を処理するＪＡの役員が、知人の利益を図る目的で、その任務に背く行為をし、ＪＡに財産上の損害を加えたとき」に該当することになります。

　ＪＡの役員自ら貯金事務を処理していなくても、ＪＡの職員に知人だからという理由で本来は認められない金利優遇を指示すれば、教唆犯に問われる可能性があります。

Point

❶ 貯金金利の優遇は、「ＪＡの役員の知人だから」という理由で行ってはならない。

❷ 問題が表面化するか、背任罪に問われるか等の問題ではなく、そもそもＪＡの役員としての善管注意義務、忠実義務の問題となる。

Q42 不祥事件が起きた場合の対応について教えてください。

Answer

取引先、組合員への影響、当局への不祥事件等届出書の提出を念頭に事案の解明を優先します。事故者（不祥事件を起こした当事者）に対して感情的な対応をしてはいけません。

解説

1 不祥事件が起きた場合のJAの届出義務

JAは、不祥事件が起きた場合には、当局への届出義務があります（農協法97条12号、農協法施行規則231条1項22号）。

不祥事件には、「組合の業務を遂行するに際しての詐欺、横領、背任その他の犯罪行為」が含まれます（同規則231条3項1号）。

なお、信用事業に関するものについては、農業協同組合及び農業協同組合連合会の信用事業に関する命令58条1項15号、2項各号による届出義務です。

不祥事件の届出は、当該不祥事件の発生を組合が知った日から1ヵ月以内にする必要があります（農協法施行規則231条4項、農業協同組合及び農業協同組合連合会の信用事業に関する命令58条3項）。

報告すべき内容は、「不祥事件の概要、発生部署、当事者、発生期間、実損見込額、発覚の端緒、事後措置、処分の内容等」です（「農業協同組合、農業協同組合連合会及び農事法人組合法人向けの総合的な監督指針」Ⅱ－1－4 不祥事件等の対応）。

２ 不祥事件発覚のきっかけについて

　ＪＡにおける不祥事件発覚のきっかけの多くは、組合員または利用者（貯金者等）からのＪＡに対する相談や問い合わせです。
　「定期貯金が勝手に払い出されている」「引き落とし項目に使った覚えのないガソリン代がある」「ＪＡの窓口で納税手続をした日と実際の納税日が合わない」などがきっかけとなり、調査の結果何らかの不正が行われていたケースが多くみられます。
　この他にも、ＪＡの内部監査や監査法人等による監査などの外部監査が発覚のきっかけとなることがあります。

３ 不祥事件が発覚した場合の対応

　不祥事件が発覚した場合の対応については、その不祥事件への対応（後始末）、原因究明、再発防止の順で対応します。
　ここで、「ＪＡの職員が組合員の貯金を勝手に払い戻して、自らの借金弁済にあてた」という不祥事件を想定して、その不祥事件への対応（後始末）の手順を考えてみましょう。その流れは次のようになります。

①不祥事件が発覚した部署から統括部署へ即報を入れる
②統括部署は、役員および関連部署へ報告をする
③調査チームを立ち上げて、事実関係の調査・解明を行う。不祥事件が発生した部署は調査対象となる。調査チームは、コンプライアンス（リスク）統括部署を主担当として、経営企画、内部監査、人事、貯金事務等の各部署から編成する。ＪＡの役員が関与しているおそれがある場合には、第三者委員会等の設置を検討する
④③と並行して、警察等関係機関への連絡・通報を行う

⑤被害者への説明、被害の損失補填を行う
⑥ＪＡ内で、類似の不祥事件が発生していないかを全部署で調査する

4 調査チームによる調査と警察との連携

(1)証拠の収集

組合員・利用者からの問い合わせ等、不祥事発覚のきっかけとなる一報があった段階では、当事者である事故者は「明るみに出ていない」と思っている場合が多いといえます。

このような場合は、事故者といきなり面談するのではなく、ある程度証拠を収集してから、事故者との面談に備えます。

(2)事故者との面談

事故者との面談の際に重要なのは、事故者を叱責するのではなく、不祥事件の全容解明に協力を促すということです。事故者は、高い確率で懲戒解雇という形で責任をとることになりますから、叱責する必要はありません。

事故者は「ＪＡにばれた」ことでパニックになっているでしょうから、とにかく落ち着かせることが必要です。

(3)警察との連携

上記(1)(2)と並行して、警察へ通報（相談）をします。原則として、不祥事件の事案の解明はＪＡ側で行いますが、①事故者が逃亡するおそれがある場合、②証拠上、事故者の関与が明らかであるにも関わらず否認を続ける場合等には、身柄事件（逮捕）とすることも視野にいれて、警察と連携します。

5 不祥事件の隠蔽について

　実際の不祥事件の対応について、何が最良の対応かというのはマニュアルがあるわけではありません。具体的内容、事故者の態度等によりケースバイケースとしか言いようがないのが現実です。

　しかし、ＪＡとして最悪の対応だけは明らかであり、それは「不祥事件の隠蔽」、つまり当局への届出をしないという対応です。

　不祥事件を隠蔽しても必ずいずれ発覚するものですし、その場合の当局の行政処分は極めて厳しいものになり、当該ＪＡは社会的信用を一気に失うでしょう。

　ＪＡの役員として、不祥事件の隠蔽だけは絶対にしてはいけません。

Point

1. 不祥事件はどのＪＡでも発生し得るものと考える。
2. 不祥事件が発生したということは、コンプライアンス態勢に問題があったということにほかならない。最も大切なのは、原因の究明と再発防止であり、事故者への批難、制裁ではない。
3. 不祥事件の隠蔽は、ＪＡの役員として絶対にしてはならない。

●著者紹介

瀬戸 祐典（せと よしのり）
弁護士法人千の響 代表弁護士
みやこ債権回収株式会社 顧問弁護士
システム監査技術者

1971年生まれ愛知県一宮市出身。
1994年東京大学法学部卒業、同年富士銀行（現みずほ銀行）入行。
2005年弁護士登録の後、2006年に退職し、現在に至る。
現在は、ＪＡ役職員向けに、債権の管理・回収、コンプライアンス（不祥事件防止）、各種ハラスメント対策、マネー・ローンダリング対策、反社会的勢力対応、個人情報保護、高齢者取引、相続等に関する講演を年間50件以上行っているほか、みやこ債権回収株式会社の顧問弁護士として全国のＪＡにおける不良債権の管理・回収も行っている。

ＪＡ役員コンプライアンス必携

2019年10月19日　初版第１刷発行	著　者　　瀬　戸　祐　典
	発 行 者　　金　子　幸　司
	発 行 所　　㈱経済法令研究会

〒162-8421　東京都新宿区市谷本村町3-21
電話 代表 03(3267)4811　制作 03(3267)4823
https://www.khk.co.jp/

営業所／東京03(3267)4812　大阪06(6261)2911　名古屋052(332)3511　福岡092(411)0805

カバーデザイン・本文レイアウト／小林幸恵（エルグ）
制作／松倉由香・長谷川理紗　印刷／日本ハイコム㈱　製本／㈱ブックアート

Ⓒ Yoshinori Seto 2019　Printed in Japan　　　　　　　　　　　　ISBN978-4-7668-2441-4

☆　**本書の内容等に関する訂正等の情報**　☆
本書の内容等につき発行後に訂正等（誤記の修正等）の必要が生じた場合には、当社ホームページに掲載いたします。
（ホームページ　書籍・DVD・定期刊行誌TOP　の下部の　追補・正誤表 ）

定価はカバーに表示してあります。無断複製・転用等を禁じます。落丁・乱丁本はお取替えします。